Böhmer/Wohanka

Farbatlas Krankheiten und Schädlinge an Zierpflanzen, Obst und Gemüse

Bernd Böhmer/Walter Wohanka

Farbatlas Krankheiten und Schädlinge an Zierpflanzen, Obst und Gemüse

574 Farbfotos

VERLAG
EUGEN
ULMER

Die Autoren
Dr. Bernd Böhmer
Pflanzenschutzamt der Landwirtschaftskammer Rheinland, Bonn
Dr. Walter Wohanka
Forschungsanstalt Geisenheim, Fachgebiet Phytomedizin

Umschlagfoto: Ringfleckenvirus an Rosen *(Rosa)*
Aufnahme: Dr. Bernd Böhmer
Seite 2: Ringfleckenvirus an Stechpalme *(Ilex)*
Aufnahme: Pflanzenschutzamt Wetzlar

Die Deutsche Bibliothek — CIP-Einheitsaufnahme

Farbatlas Krankheiten und Schädlinge an Zierpflanzen, Obst und Gemüse / Bernd Böhmer/Walter Wohanka. – Stuttgart (Hohenheim) :
Ulmer 1999
ISBN 3-8001-5290-8

Wollgrasweg 41, 70599 Stuttgart (Hohenheim)
Printed in Germany
Einbandgestaltung: A. Krugmann, Freiberg am Neckar
Lektorat: Gerhard Bley, Agnes Pahler
Herstellung & DTP: Jürgen Sprenzel
Druck: Georg Appl, Wemding
Bindung: Großbuchbinderei Monheim, Monheim

Inhaltsverzeichnis

Zimmerpflanzen

Stauden und Sommerblumen

Gehölze

Obst und Gemüse

Hinweise zur Bekämpfung spezieller Schaderreger

Einleitung

Der vorliegende Farbatlas Krankheiten und Schädlinge an Pflanzen in Haus und Garten versteht sich als wichtige Hilfe für alle Pflanzenliebhaber. Er will besonders dazu beitragen, daß Krankheitsursachen bei Pflanzen im Zimmer, im Wintergarten oder im Garten möglichst schnell erkannt werden. Der Farbatlas soll nicht nur Hobbygärtnern, sondern auch Pflanzenproduzenten und Studierenden eine Hilfe bei der Diagnose von Schäden an Pflanzen sein.

Die im Farbatlas dargestellten Schadbilder und Kurzbeschreibungen geben einen Überblick über die wichtigen Schadursachen der jeweiligen Pflanzenart und ermöglichen im Vergleich mit der kranken Pflanze eine erste Diagnose. Abschließend zu jeder Kultur sind Krankheiten und Schädlinge gelistet, die an der jeweiligen Kultur selten vorkommen oder an anderen Kulturen bereits dargestellt wurden, in diesem Fall findet der Leser einen Querverweis.

Die Beschreibung der an bestimmten Pflanzen auftretenden Krankheiten und Schädlinge wie auch einige wichtige nichtparasitäre Einflüsse und die kurze Beschreibung der Kulturansprüche sollen bei der Wahl geeigneter Pflanzen, insbesondere auch für Nachpflanzungen bei Ausfällen, behilflich sein.

In schwierigen Fällen kann der Pflanzenschutzdienst des jeweiligen Bundeslandes zu Rate gezogen werden. Eine Liste der Pflanzenschutzdienststellen in den Bundesländern finden Sie auf Seite 228ff.

Die angegebenen Empfehlungen zur Bekämpfung orientieren sich nicht an einer ökonomischen Produktion der Pflanzen. Sie gehen von einem weitgehenden Verzicht chemischer Pflanzenschutzmittel in Haus und Garten aus. Sind Pflanzenbestände erkrankt, so sind darüber hinausgehende kulturtechnische, biologische oder chemische Maßnahmen zu ergreifen, die im Rahmen dieses Buches nur stichwortartig dargestellt werden können. Pflanzenschutzmittel sind nur beispielhaft genannt. Die Zulassung der Pflanzenschutzmittel ändert sich rasch, die einschlägigen Rechtsvorschriften und Vorsichtsmaßnahmen sind der Gebrauchsanleitung der Präparate zu entnehmen. Sie ist vor dem Einsatz eines Pflanzenschutzmittels sorgfältig zu lesen und genau zu befolgen. Sofern es möglich ist, werden praktikable alternative Pflanzenschutzverfahren empfohlen.

Im Einzelfall sollten nicht nur aus ökonomischer Sicht, sondern auch aus Gründen der Hygiene kranke Pflanzen oder Pflanzenteile vernichtet werden, ehe technische, biologische oder chemische Verfahren zur Anwendung kommen. In vielen Fällen ist dadurch eine weitere Verbreitung der Krankheit zu verhindern. Zahlreichen Krankheiten kann durch das Abschneiden verblühter Pflanzen, durch das Auslichten zu groß gewordener Bäume oder durch den regelmäßigen Rückschnitt von Hecken vorgebeugt werden. Den meisten Pflanzenliebhabern stehen für ihre vielen liebgewonnenen Exemplare nur relativ kleine Gärten zur Verfügung. Gesundes Wachstum braucht den richtigen Standort, aber auch Licht und Luft.

Bereits vor der Pflanzung muß sorgfältig geprüft werden, ob die neuen, zugekauften Pflanzen befallsfrei sind und keine sonstigen Schäden aufweisen. Die Auswahl artgerechter Standorte und Hygienemaßnahmen sind weitere wichtige Voraussetzungen zur Gesunderhaltung der Pflanzen. Zu enger oder zu dunkler Stand der Pflanzen und zu geringe oder übermäßige Versorgung der Pflanzen mit Wasser und Nährstoffen fördern das Auftreten von Krankheiten. Aber auch extrem sonnige Standorte können nach dunklen Witterungsbedingungen zu direkten Schäden führen oder auch bestimmte Schädlinge (z. B. Spinnmilben, Weiße Fliegen) begünstigen. Die Auswahl widerstandsfähiger und für den Standort geeigneter Sorten ist eine wichtige Grundlage des Kulturerfolges.

Günstig wirkt sich im Garten die sachgerechte Verwendung von Kompost aus. Kompost fördert nicht nur das Bodengefüge, er verbessert die Durchlüftung und die Wasserhaltekraft des Bodens, er fördert die Bodenlebewesen und somit den Aufschluß von Nährstoffen sowie die natürliche Unterdrückung eventuell auftretender Krankheiten und Schädlinge im Boden.

Bodenverdichtungen oder -verschlämmungen, oftmals nur im Unterboden und an der Bodenoberfläche gar nicht erkennbar, sind vielfach Ursachen späterer Pflanzenerkrankungen. Die Bodenbearbeitung sollte daher tiefgründig vorgenommen werden.

Die natürlichen Gegenspieler der Schädlinge, die Nützlinge, können im Garten gezielt gefördert werden. So können Nistkästen die Ansiedlung von Vögeln, mit Weizenstroh gefüllte Holzkästen Florfliegen und Ohrwürmer sowie Steinriegel, Reisig- und Laubhaufen Igel, Spitzmäuse und Eidechsen fördern.

Im Zimmer und im Wintergarten ist die gezielte Aussetzung von Nützlingen zur Bekämpfung zahlreicher Schädlinge möglich. Diese biologischen Bekämpfungsverfahren sind sowohl in den allgemeinen als auch in den speziellen Bekämpfungskapiteln aufgeführt.

Allen, die uns mit gutem Bildmaterial bei der Erstellung des Farbatlas behilflich waren, möchten wir an dieser Stelle danken. Die Namen der Bildautoren sind im Bildquellenverzeichnis auf Seite 232 aufgeführt. Dem Verlag Eugen Ulmer möchten wir für die Unterstützung bei der Suche und Auswahl der Bilder sowie für die Gestaltung des Buches danken.

Diagnosehilfe

Die erfolgreiche Bekämpfung einer Krankheit oder eines Schädlings setzt die richtige Bestimmung des Schaderregers voraus. Ein guter Beobachter kann, unterstützt durch eine Lupe, viele Schaderreger visuell erkennen und damit die Schadursache finden und beseitigen. Die Erfahrung zeigt jedoch, daß viele Schädigungen eine nichtparasitäre Ursache haben. Wird der

Schädiger nicht sofort erkannt, so können Fragen nach ungünstigen Standortbedingungen, Pflege- oder Kulturfehlern mitunter rascher zum Ziel führen als die aufwendige Suche nach einem möglicherweise nicht vorhandenen Schaderreger. Auch die Verteilung des Schadens im Pflanzenbestand und der Schadensverlauf können wertvolle Hinweise auf die Schadursache geben.

Zur Ergründung der Schadursache ist eine möglichst exakte Beschreibung des Schadbildes sehr hilfreich. Eine derartige Beschreibung hilft nicht nur beim Studium im Farbatlas, sie ist auch von großer Hilfe, wenn eine Beratung in Anspruch genommen werden soll. Die im Anhang aufgelisteten Pflanzenschutzdienststellen können um so besser helfen, je besser das Schadbild beschrieben werden kann. Bei Telefonaten sollten eine kranke Pflanze oder Pflanzenteile für Rückfragen parat liegen.

Werden Pflanzen zum Pflanzenschutzdienst gebracht oder eingesandt, so sind möglichst ganze Pflanzen oder Pflanzenteile aus dem Übergangsbereich der Erkrankung, also gesunde und kranke Pflanzenteile vorzulegen. Einsendungen von Pflanzen zur Untersuchung sollten so vorgenommen werden, daß die Pflanzen weder vertrocknet noch verfault im Labor ankommen. Dazu den angefeuchteten Wurzelballen mit einer Folie einpacken und am Wurzelhals gut verschließen, damit die Erde die Blätter nicht verschmutzt. Die grünen Pflanzenteile möglichst nicht mit einer Folie, sondern mit Zeitungspapier umschließen und das Paket so auspolstern, daß die Pflanzen während des Transportes nicht beschädigt werden. Einsendungen sollten möglichst zu Wochenbeginn verschickt werden, um eine kurze Transportzeit sicherzustellen.

Wichtige Fragen zum Beginn der Diagnose:

Sterben die Pflanzen oder einzelne Pflanzenteile ab?
- durch Fäulnis, durch Welken

Verfärben sich die Pflanzen oder einzelne Pflanzenteile?
- Blätter, Stiele, Leitungsbahnen, Blüten

Sind die Wurzeln verfärbt oder abgestorben?
- Wurzelspitzen, einzelne Wurzelstränge, der gesamte Wurzelballen

Zeigen die Pflanzen ein verändertes Wachstum?
- durch gehemmten oder deformierten Wuchs

Weisen die Pflanzen Überzüge oder Auflagerungen auf?
- flächig oder partiell, abwischbar oder fest

Ist das Pflanzengewebe teilweise zerstört, bestehen Wunden?
- Einstiche, Fraß oder Schlagverletzungen

Krankheiten und Schädlinge an Zimmerpflanzen

1

2

Anthurium, Flamingoblume

Anthurien haben einen erhöhten Wärmebedarf, die Bodentemperatur sollte 18 – 20 °C betragen. Leichte, durchlässige Substrate mit einem pH-Wert von 4,5 – 5,5 ermöglichen ein gutes Wachstum. Sind die Bedingungen nicht optimal, so entstehen leicht Vergilbungen und Verbräunungen der Blätter, die Wurzeln werden faul. Der Standort der Pflanzen sollte hell, aber geschützt vor direkter Sonneneinstrahlung sein. Trockene Luft begünstigt das Auftreten von Schildläusen, Spinnmilben und Thripsen.

Blattpocken (nichtparasitär)
🔍 Runde, gelblich-grüne aufgewölbte Pocken im Blattgewebe [1], mitunter auch ringartige gelbliche Flecken.
☂ Andauernd hohe Luftfeuchte bei niedrigen Temperaturen, starke Temperaturschwankungen, unausgeglichene Nährstoffversorgung oder Wurzelschäden kommen als Ursache in Betracht.

Enationen (nichtparasitär)
🔍 Wachstumsanomalien, unregelmäßiges, desorientiertes Wachstum des Blattgewebes [2].
Die Ursache ist bisher nicht geklärt, möglicherweise kommt starken Schwankungen von Temperatur und Feuchte eine besondere Bedeutung zu.

Tomatenbronzeflecken-Virus
(tomato spotted wilt virus)
🔍 Blattgewebe unregelmäßig aufgehellt, mit kleinen Läsionen, Blattfläche teilweise verhärtet und verkrüppelt [3].
☂ Kranke Pflanzen entfernen, Bestände mit Blautafeln auf Thripsbefall überwachen (Thripse verbreiten das Virus).

Trieb- und Stengelfäule
(*Myrothecium roridum*)
🔍 An Trieben, teilweise auch auf Blättern, wassergetränkte, schwarze Faulstellen [4]. Absterben zunächst einzelner Triebe. Auf den Befallsstellen kleine, zunächst weiße, später schwarze Sporenpolster (Lupe!).
☂ Befallene Pflanzen entfernen, Luftfeuchte herabsetzen, Tropfstellen beseitigen. In Beständen müssen diese Maßnahmen durch gezielte, wiederholte Spritzbehandlungen mit Rovral oder Saprol Neu unterstützt werden.

Welke (*Fusarium oxysporum*)
🔍 Einzelne Blätter werden fahlgrün bis gelb und fallen ab. Am Wurzelhals entsteht ein weißlich-rosa Pilzrasen [5]. Die Sporen werden durch Spritzwasser leicht verbreitet. Unter feuchtwarmen Bedingungen entwickelt sich die Krankheit sehr rasch.
☂ Zur Bekämpfung des Pilzes stehen keine ausreichend wirksamen Pflanzenschutzmittel zur Verfügung. Der Hygiene, insbesondere der Verwendung sauberer Kulturgefäße und krankheitsfreier Erden, kommt daher besondere Bedeutung zu. Siehe Seite 7f.

3

4

5

1

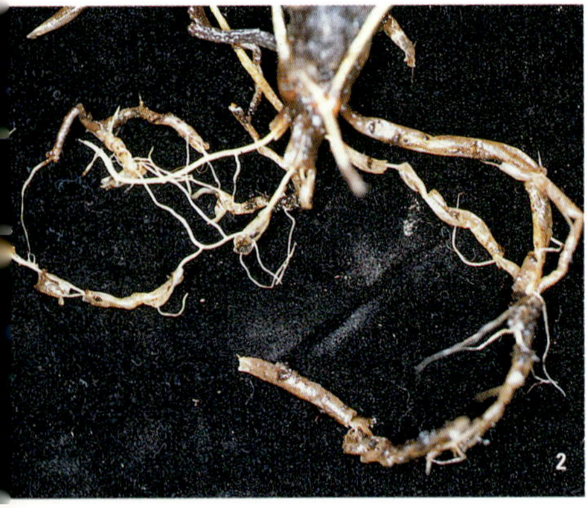

2

3

Wurzelfäule (*Pythium splendens*)

🔍 Die Blätter werden fahlgrün und stumpf [1]. Sie welken und vergilben. Die Wurzeln sind weichfaul. Die Wurzelrinde läßt sich vom Zentralzylinder abziehen, so daß „Wurzelbärte" verbleiben [2]. Die begeißelten Sporen des Pilzes benötigen zur Ausbreitung eine hohe Bodenfeuchte. Sauerstoffmangel im Boden begünstigt den Befall.

☂ Möglichst trocken kultivieren, seltener, aber durchdringend gießen. Substrate mit grober Struktur verwenden.

Blattfleckenkrankheit
(*Septoria anthurii*)

🔍 Auf den Blättern entstehen graue, unregelmäßige Blattflecken. Sie sind von einem schmalen Rand mit gelber Zone umgrenzt [3]. Auf den Flecken entwickeln sich kleine punktförmige schwarze Sporenlager (Lupe!).

☂ Stark befallene und abgefallene Blätter entfernen. Die Luftfeuchte ist herabzusetzen. Häufiges Befeuchten oberirdischer Pflanzenteile ist zu vermeiden. Der Nährstoffgehalt des Bodens sowie das Auftreten von Schädlingen ist zu überprüfen. Bestände ggf. durch Behandlung mit Dithane Ultra oder Saprol Neu vor einer Ausbreitung der Krankheit schützen.

Weitere Krankheiten und Schädlinge:

Blattläuse siehe Seite 56
Schildläuse siehe Seite 20
Spinnmilben siehe Seite 13
Thripse siehe Seite 14

Araliengewächse: Fatsia, Dizygotheca, Fatshedera, Schefflera, Monstera, Philodendron

In humosem Substrat bei einem pH-Wert von etwa 6,0 entwickeln sich die Pflanzen bei gleichmäßiger Feuchtigkeit sehr gut. Zu viel Feuchtigkeit kann zu Blattfall führen. Im Sommer sind die Pflanzen vor direkter Sonneneinstrahlung zu schützen. Zu niedrige Luftfeuchte fördert die Entwicklung von Spinnmilben und Thripsen. Die Pflanzen gedeihen auch an kühlen Standorten, der Wurzelballen sollte nicht zu kalt werden, möglichst nach unten isolieren.

4

Ringmuster an Schefflera
Die Ursache ist bisher nicht geklärt, Virusdiagnosen verliefen negativ, möglicherweise ist das Symptom auf einen unausgeglichenen Wasserhaushalt durch Extreme in Wasserversorgung und Verdunstung zurückzuführen [4].

5

Blattflecken an Philodendron
(*Colletotrichum* sp.)
🔍 Auf den Blättern dunkelbraune, eingesunkene Blattflecken mit konzentrischen Ringen [5]. Die Flecken gehen meist vom Blattrand aus.
☂ Kranke Pflanzenteile entfernen, Luftfeuchte herabsetzen. Bestände sind durch eine Behandlung mit Euparen vor einer weiteren Ausbreitung des Pilzes zu schützen.

6

Spinnmilben (*Tetranychus urticae*)
🔍 Auf Blättern weißgelbe Sprenkel [6], später flächige Aufhellungen und Ver-

1

2

3

trocknen der Blätter. Die 0,2 – 0,5 mm großen Milben leben blattunterseits im Schutz zarter Gespinste.

Hohe Temperaturen und trockene Luft fördern den Befall. Zur Bekämpfung siehe Seite 226.

Weichhautmilben (Tarsonemidae)

Das Blattgewebe verhärtet und verkrüppelt, die Blätter bleiben kleiner, die Blattränder sind oftmals gebogen. Die Entwicklung der 0,3 mm großen, glasig weißen Milben ist unter feuchtwarmen Bedingungen begünstigt [1].

Mutterpflanzen sind ständig auf Befall zu kontrollieren. Zur chemischen Bekämpfung siehe Seite 226.

Thripse an Schefflera (Thysanoptera)

Blattpartien sind unregelmäßig weißlich-gelb verfärbt [2]. Dunkle Kottröpfchen, besonders blattunterseits sind typisch für den Thripsbefall. Die kleinen schlanken, gelblichen bis braunen Tiere halten sich überwiegend blattunterseits auf. Niedrige Luftfeuchte und hohe Temperatur fördern den Befall. Bei stärkerem Befall vertrocknen die Blätter und fallen ab.

Bestände sind mit Blautafeln auf Befall zu kontrollieren. Zur Tilgung eines Befalls ist der frühe, wiederholte Einsatz von Insektiziden erforderlich. Siehe Seite 226.

Blattälchen an Fatshedera (*Aphelenchoides fragariae* und *A. ritzemabosi*)

Zunächst gelbe, später braune, eckige Blattflecken, von den Blattadern scharf begrenzt [3]. Die Nematoden leben im Blattgewebe, sie können sich bei häufiger Blattbenetzung auf dem Blatt und an der Pflanze rasch verbreiten.

☂ Befallene Pflanzenteile entfernen und die Kulturführung trockener gestalten. Eine Blattbenetzung ist zu vermeiden. Keine Pflanzenteile von kranken Pflanzen für Vermehrungen verwenden.

Weitere Krankheiten und Schädlinge:
Pythium-Wurzelfäule siehe Seite 12
Schildläuse siehe Seite 20

Begonia, Begonie

Torfkultursubstrate mit einem pH-Wert von 5,0 – 6,0 sind für die Begonienkultur geeignet. Die Temperaturansprüche der verschiedenen Begonien-Arten sind sehr unterschiedlich. Die Pflanzen haben einen hohen Lichtbedarf, die Topfpflanzen sind aber vor direkter Sonneneinstrahlung im Frühjahr und Sommer zu schützen.

Blattverfärbung (Tomatenbronzeflecken-Virus; tomato spotted wilt virus)
🔍 Unregelmäßige Aufhellungen und Marmorierungen des Blattgewebes [4].
☂ Siehe Seite 221.

Ölfleckenkrankheit (*Xanthomonas campestris* pv. *begoniae*)
🔍 Vom Blattrand ausgehende grüngelbe, später braune Verfärbung. Im verfärbten Gewebe entstehen punktförmige, bei Gegenlichtbetrachtung ölige Flecken [5]. Innerhalb des befallenen Gewebes sind die Blattadern schwarz verfärbt. Die Bakterien werden bei der Stecklingsentnahme leicht verbreitet, in der Vermehrung finden sie optimale Entwicklungsbedingungen.
☂ Kranke Pflanzenteile sofort entfernen.

4

5

Stecklingsmesser wechseln und desinfizieren.

Stengelgrundfäule (*Rhizoctonia solani*)
Bei Jungpflanzen zunächst einseitig braune, eingesunkene Faulstellen. Weißliche oder hellbraune lange Pilzfäden bei hoher Luftfeuchte auf dem Substrat [1], besonders unter aufliegenden Blättern.
Gefährdete Kulturen mit Rovral spritzen.

Phytophthora-Wurzelhalsfäule (*Phytophthora cryptogea*)
Der Stengelgrund ist braunschwarz verfärbt, die Stengel faulen und hängen über den Topfrand [2]. Das Symptom wird häufig bei älteren, verkaufsfertigen Pflanzen beobachtet.
Kranke Pflanzen beseitigen, übrige Pflanzen mit Aliette gießen. Möglichst trocken kultivieren.

Wurzelbräune (*Thielaviopsis basicola*)
Blätter vergilben, ältere Blätter verbräunen vom Blattrand her. Die Wurzeln sind infolge einer Trockenfäule braun verfärbt, daran befinden sich oft kurze, weiße Wurzelspitzen (siehe Seite 27).
Salzgehalt des Substrates prüfen, nur mit geringen Konzentrationen düngen, häufiger, aber nicht zu stark gießen.

Echter Mehltau (*Oidium begoniae*)
Auf den Blattober- und Blattunterseiten sowie auch an Blattstielen entsteht ein mehlig weißer Belag [3]. Auch die Blüten werden befallen. Unter dem Belag ist das Gewebe braun verfärbt.
Widerstandsfähige Sorten auswählen. Zur chemischen Bekämpfung siehe Seite 222.

Grauschimmel (*Botrytis cinerea*)

Das Gewebe wird wäßrig und weichfaul, bei hoher Luftfeuchte entsteht ein grauer Sporenrasen [4].

Alte Blätter und anderes abgestorbenes Pflanzengewebe aus dem Bestand entfernen. In den Wintermonaten trocken kultivieren, Luftfeuchte herabsetzen, längere Blattbenetzung und Taubildung in der Nacht verhindern. Zur chemischen Bekämpfung siehe Seite 223.

Weichhautmilben (Tarsonemidae)

An Blatt- und Blütenstielen entstehen grindig braune Verkorkungen [5]. Das Blattgewebe verhärtet und verkrüppelt, die Blätter bleiben kleiner, die Blattränder sind oftmals nach unten gebogen. Die Entwicklung der 0,3 mm großen, glasig weißen Milben ist unter feuchtwarmen Bedingungen begünstigt.

Mutterpflanzen sind ständig auf Befall zu kontrollieren. Zur chemischen Bekämpfung siehe Seite 226.

Trauermückenlarven (Sciaridae)

Glasig weiße Larven mit schwarzer Kopfkapsel (etwa 7 mm) fressen an Wurzeln und am Stengelgrund junger Pflanzen [6]. Bei Stecklingen dringen sie in den Stengel ein.

Aussaaten und Stecklinge direkt nach der Aussaat bzw. dem Stecken mit insektenpathogenen Nematoden (Steinernema feltiae, z. B. Exhibit F 27), 250 000 Nematoden pro m^2, abgießen.

4

5

6

Kalifornischer Thrips (*Frankliniella occidentalis*)

🔍 Junge Blätter deformiert, Vegetationskegel verkrüppelt. Blüten mit Stippen, Blütenränder verbräunt [1]. In den Blüten, besonders in den Staubgefäßen, starke Vermehrung der Thripse [2].

☂ Bestände sind mit Blautafeln auf Befall zu kontrollieren. Die Kontrolle ist bei Jungpflanzen besonders wichtig, da bereits wenige Tiere zu Verkrüppelungen führen. Zur Tilgung eines Befalls ist der frühe, wiederholte Einsatz von Insektiziden erforderlich. Siehe Seite 226.

Blattälchen (*Aphelenchoides fragariae* und *A. ritzemabosi*)

🔍 Blattgewebe ist zunächst fahlgrün, später braun verfärbt. Das geschädigte Gewebe ist oft von den Blattadern scharf begrenzt [3].

☂ Befallene Pflanzenteile entfernen, Vermehrungsmaterial nur von gesunden Mutterpflanzen entnehmen.

Weitere Krankheiten und Schädlinge:
Pythium-Wurzelfäule siehe Seite 12

Cactea, Kakteen

Kakteen benötigen ein sandiges, durchlässiges Substrat. Der pH-Wert ist je nach Kultur zwischen pH 5,0 und 7,0 einzustellen. Anhaltende Feuchtigkeit ist zu vermeiden. Weiche, wüchsige Pflanzen sind abzuhärten, ehe sie der vollen Sonneneinstrahlung ausgesetzt werden können.

Korkflecken

Korkbildungen können durch zu hohe Luftfeuchtigkeit, Störungen der Ernährung oder starke Besonnung nicht abgehärteter Gewebeteile entstehen [4]. Sie treten auch bei Spinnmilben-Befall auf!

Drechslera-Fäule (*Drechslera cactivora*)

Die Fäule geht vom Stammgrund aus und schreitet rasch in Form einer Naßfäule ins Innere des Pflanzenkörpers vor [5].

Zur Bekämpfung des Pilzes stehen keine ausreichend wirksamen Pflanzenschutzmittel zur Verfügung. Der Hygiene, insbesondere der Verwendung sauberer Kulturgefäße und krankheitsfreier Erden, kommt daher besondere Bedeutung zu. Siehe Seite 7.

Fusarium-Fäule und -Welke (*Fusarium oxysporum* f. sp. *opuntiarum*)

Einzelne Triebe werden zunächst glanzlos, fahlgrün und welken. Im weiteren Krankheitsverlauf welkt die ganze Pflanze [6].

Die Leitungsbahnen des Stammgrundes sind rotbraun verfärbt [7]. Der Pilz wird bei der Vermehrung kranker Pflanzenteile, durch verseuchte Kulturgefäße und Erden sowie mit Gießwasser leicht auf andere Pflanzen übertragen.

Zur Bekämpfung des Pilzes stehen keine ausreichend wirksamen Pflanzenschutzmittel zur Verfügung. Der Hygiene, insbesondere der Verwendung sauberer Kulturgefäße und krankheitsfreier Erden, kommt daher besondere Bedeutung zu. Siehe Seite 7f.

5

6

7

Rostkrankheit an Rhipsalidopsis

⚲ Auf den Blattgliedern entstehen kleine Höcker, die sich später braun verfärben, aufplatzen und zahlreiche Rostsporen entlassen [1]. Die Pilzsporen werden durch die Luft verbreitet.

☂ Kranke Glieder abbrechen und entfernen. Befallene Pflanzen isoliert aufstellen. Zur chemischen Bekämpfung siehe Seite 222.

Spinnmilben (*Tetranychus urticae*)

⚲ Zunächst weißgelbe Sprenkel, später flächige, fahlgrüne Aufhellungen, bei starkem Befall auch grindige, braun-rostige Gewebepartien [2]. Die Milben leben oft im Schutz zarter Gespinste.

☂ Hohe Temperaturen und trockene Luft fördern den Befall. Zur Bekämpfung siehe Seite 226.

Wurzelläuse (*Rhizoecus* sp.)

⚲ An Wurzeln und unterirdischen Stammteilen sitzen weißgraue Läuse unter wolligen Wachsausscheidungen [3].

☂ Befallene Pflanzen vernichten. Übrige Pflanzen auf Befall kontrollieren. Wertvolle befallene Einzelpflanzen mit Unden flüssig auf feuchten Wurzelballen angießen, oder Wurzelballen in die Pflanzenschutzmittel-Lösung tauchen.

Schildläuse (Coccidae)

⚲ Weißliche oder gelblich-braune Höcker auf der Pflanzenoberfläche [4]. Mit einer Nadel lassen sich die Schildläuse meist vom Pflanzengewebe abheben.

☂ An Einzelpflanzen kann man die Läuse mit einer alten Zahnbürste vom Pflanzengewebe ablösen und die Pflanzenteile sodann mit einem ölgetränkten Wattebausch leicht abreiben. Unter dem Ölfilm ersticken die Läuse. Bei mehreren Pflanzen oder stärkerem Befall sind Spritzbehandlungen mit Insektiziden (z. B. Mineralöl) erforderlich. Siehe Seite 225.

Zwergfüßler (*Symphyla*)

🔎 Die untersten Blattglieder werden vom Boden her hohl gefressen. In dem absterbenden Randgewebe siedeln sich zahlreiche sekundäre Pilzkrankheiten an [5]. An den geschädigten Pflanzenteilen sind etwa 5 mm lange, schmale Tiere mit zwölf Beinpaaren und langen Fühlern [6].

☂ Befallene Pflanzenteile entfernen. Eine chemische Bekämpfung mit Unden flüssig im Gießverfahren ist nur bei Jungpflanzen zu empfehlen.

Weitere Krankheiten und Schädlinge:

Pythium-Wurzelfäule tritt bei Sämlingen sowie bei zu hoher Substratfeuchte auf, siehe Seite 223.

Rhizoctonia-Stengelgrundfäule ist besonders bei Sämlingen und Stecklingen als eine von der Sproßbasis ausgehende Naßfäule zu beobachten, siehe Seite 36.

Schmierläuse siehe Seite 25

4

5

6

1

2

3

Camellia, Kamelie

Das durchlässige Substrat sollte einen pH-Wert von 4,0 – 4,5 aufweisen, möglichst mit Regenwasser gießen. Die Temperatur zur Knospenbildung ist im Sommer über 15 °C und zur Knospenausreife im Winter unter 12 °C einzustellen. Günstige Überwinterungsbedingungen sind ein heller Standort und Temperaturen zwischen 5 und 10 °C.
Zu hohe Treibtemperaturen, zu starke Temperaturschwankungen, Ballentrokkenheit, Staunässe, unausgeglichene Nährstoffversorgung, trockene Luft und ungünstige Lichtverhältnisse können ein Abfallen der Knospen zur Folge haben.

Gelbfleckigkeit

⚲ Einzelne Triebe oder Blätter werden unregelmäßig gelb, fast weißfleckig [1]. Das Symptom kann sowohl genetisch, als auch virös bedingt sein.
☂ Unabhängig von der Ursache ist eine Bekämpfung nur durch sorgfältige Selektion der Mutterpflanzen möglich. Pflanzen mit geringsten Symptomen müssen entfernt werden.

Blattfleckenkrankheit (*Phyllosticta cameliae*)

⚲ Auf den Blättern entstehen braune, unregelmäßige Flecken [2]. Bei hoher Luftfeuchtigkeit und sonstigen Schädigungen des Blattes kommt es zu einer rascheren Ausbreitung der pilzlichen Erkrankung.
☂ Befallene Pflanzenteile möglichst entfernen. Für ein rasches Abtrocknen der Blätter und möglichst niedrige Luftfeuch-

te sorgen. Pflanzen im Herbst gut ausreifen lassen. Chemische Bekämpfung siehe Seite 222.

Dickmaulrüßler (*Otiorrhynchus sulcatus*)
⚲ Das Auftreten der Käfer ist am Buchtenfraß an den Blättern zu erkennen [3]. Den eigentlichen Schaden verursachen die Larven durch Fraß an den Wurzeln. Sie sind weiß mit brauner Kopfkapsel, bauchseits gekrümmt und bis zu 12 mm groß.
☂ Der Einsatz insektenpathogener Nematoden (*Steinernema carpocapsae* oder *Heterorhabditis* sp.) hat sich bewährt. Je nach Befallsstärke werden 250 – 500 000 Nematoden pro m² bzw. 4 000 Nematoden pro Liter Substrat gegossen. Die Bodentemperatur muß mindestens 13 °C betragen, auf gleichmäßige Bodenfeuchte ist zu achten.

Weitere Krankheiten und Schädlinge:
Schildläuse schädigen ebenfalls am Sproß, siehe Seite 20
Thripse siehe Seite 14

Cissus, Klimme

Der Standort der Pflanzen sollte sonnig bis halbschattig sein. Die Pflanzen wachsen in einem sehr weiten Temperaturbereich. Der optimale pH-Wert des humusreichen Substrates liegt zwischen pH 5,5 – 6,5. Staunässe, Ballentrockenheit und zu niedrige Luftfeuchte sind zu vermeiden, Blattfall tritt häufig als Folge derartiger Standortbedingungen auf.

4

5

Eckige Blattflecken (nichtparasitär)
⚲ Diese nichtparasitäre Erkrankung führt zu scharf begrenzten gelblich-bräunlichen, durchscheinenden Flecken [4], deren Ursache in ungeeigneten Standortbedingungen zu sehen ist.

Echter Mehltau (*Oidium* sp.)
⚲ An Blattober- und Blattunterseiten sowie an den Blattstielen entsteht ein mehlig weißer Belag [5]. Unter dem Belag ist das Gewebe braun verfärbt.
☂ Bekämpfung siehe Seite 222.

Spinnmilben (*Tetranychus urticae*)

🔍 Auf den Blättern weißgelbe Sprenkel, später flächige Aufhellungen und Vertrocknen der Blätter [1].

☂ Hohe Temperaturen, Wassermangel der Pflanzen und trockene Luft fördern den Befall. Zur Bekämpfung siehe Seite 226.

Weichhautmilben (Tarsonemidae)

🔍 Blätter an Triebspitzen sind kleiner und verhärtet, die Blattränder sind oftmals nach unten gebogen [2]. An Blattstielen grindig braune Verkorkungen. Die Entwicklung der 0,3 mm großen, glasig weißen Milben ist unter feuchtwarmen Bedingungen begünstigt.

☂ Mutterpflanzen sind ständig auf Befall zu kontrollieren. Zur chemischen Bekämpfung siehe Seite 226.

Weitere Krankheiten und Schädlinge:

Pythium-Wurzelfäule siehe Seite 12

Blattläuse siehe Seite 56

Codiaeum, Croton

Die Standorttemperatur sollte relativ hoch sein, bei 30 °C wird eine gute Ausfärbung der Blätter erreicht. Im Winter sollten 18 °C nicht unterschritten werden. Einige Sorten vertragen auch tiefere Temperaturen, bei 5 °C kommt es jedoch zum Abstoßen der Blätter. Der pH-Wert des Substrates sollte zwischen 6,0 und 7,0 liegen.

Blattflecken (*Glomerella cingulata*)

🔍 Aschgraue Flecken auf den Blättern [3]. Bei starkem Befall kommt es zu Blattfall.

Der Pilz wächst in die Blattadern und Blattstiele hinein.

☂ Auf eine ausgewogene Ernährung der Mutterpflanzen achten. Luftfeuchte niedrig halten und für rasches Abtrocknen der Pflanzen sorgen. Befallene Pflanzen entfernen, den übrigen Bestand mit Euparen oder Rovral wiederholt spritzen.

Schildläuse (Coccidae)

🔍 Auf den Blättern helle Saugstellen der Läuse. Unter den braunen Schilden entwickeln sich viele Jungtiere [4]. Bei starkem Befall entsteht auf den Blättern eine klebrige Honigtauschicht, auf der sich Rußtaupilze ansiedeln.

☂ Stark befallene Blätter entfernen. Blätter mit einem Wattebausch mit Salatöl vorsichtig abreiben oder Pflanzen wiederholt mit mineralölhaltigen Präparaten spritzen (siehe Seite 225).

Schmierläuse (Pseudococcidae)

🔍 An Blattstielen und Blattadern weiße Wachsausscheidungen, darunter geschützte Schmierlauskolonien [5].

☂ Befallene Pflanzen entfernen. Spritzen von Mineralölen, siehe Seite 225. führt zum Ersticken der Läuse unter dem Ölfilm. Behandlungen nicht bei direkter Sonneneinstrahlung vornehmen und nicht zu oft wiederholen.

Weitere Krankheiten und Schädlinge:

Pythium-Wurzelfäule siehe Seite 12

Spinnmilben und Weichhautmilben siehe Seite 13,14

3

4

5

Cyclamen, Alpenveilchen

Die blühende Pflanzen können bei Temperaturen zwischen 14 und 21 °C weiterkultiviert werden. Besonders im Winter ist darauf zu achten, daß kein Niederschlag aufgrund zu hoher Luftfeuchte auftritt. Im Sommer müssen die Pflanzen einen schattigen Standort erhalten. Der pH-Wert des Torf-Ton-Substrates sollte zwischen 5,0 und 6,0 liegen. Zu hohe Salzgehalte des Substrates sind unbedingt zu vermeiden, Nachdüngungen sollten in geringen Konzentrationen erfolgen.

1

Nichtparasitäre Knollennaßfäule

🔍 Blätter welken und vergilben, die Knolle ist teilweise naßfaul und braun verfärbt. In der Knolle ist eine weißlich-breiige Bakterienmasse. Die Bakterien (*Erwinia carotovora*) siedeln sich sekundär in den geschädigten Knollen an. Teilweise trocknet der Befall ein, braun verfärbte Hohlräume bleiben zurück. [1]

☂ Kranke Pflanzen beseitigen, pH-Wert und Nährstoffversorgung optimal gestalten, Stickstoffdüngung überprüfen, Knolle besonders bei hohen Temperaturen nicht zu oft befeuchten. Nicht zu tief topfen.

2

Tomatenbronzeflecken-Virus

(tomato spotted wilt virus)

🔍 Kümmerwuchs, Blattfläche z. T. deformiert, Nekrosen der Blattadern und im Blattgewebe, oft am Blattgrund, Blütenfarbbrechungen. Bei beginnendem Befall im Blatt braune Eichenblattmuster. [2]

☂ Kranke Pflanzen entfernen, Bestände mit Blautafeln überwachen. Das Virus wird in Beständen durch Thripse verbreitet.

3

Brennfleckenkrankheit (*Cryptocline cyclaminis*)

🔎 In der Pflanzenmitte wachsen keine jungen Blätter und Knospen nach, es entstehen Trichterpflanzen. Das Gewebe junger Pflanzenteile ist eingeschnürt, eingetrocknet und braun. 3

☂ Jungpflanzen auf Befall prüfen. Bei beginnendem Befall Euparen einsetzen. Frühe Bekämpfungen von *Botrytis* mit Euparen beugen einem Befall vor.

Wurzelbräune (*Thielaviopsis basicola*)

🔎 Blätter vergilben, ältere Blätter verbräunen vom Blattrand her. Die Wurzeln sind infolge einer Trockenfäule braun verfärbt, daran sind oft kurze, weiße Wurzeln 4.

☂ Salzgehalt des Substrates prüfen, nur mit geringen Konzentrationen düngen, häufiger, aber nicht zu stark gießen.

Cylindrocarpon-Fäule (*C. destructans*)

🔎 Besonders an jungen Knollen kommt es zu braunen, eingesunkenen Flecken 5. Die Knollen werden walzenförmig, ältere Knollen sind rissig.

☂ Eine Bekämpfung des Pilzes ist nur bei Jungpflanzen erforderlich. Bei Befall sind die Pflanzen mit Rovral zu überbrausen.

Cyclamenwelke (*Fusarium oxysporum* f. sp. *cyclaminis*)

🔎 Die Blätter welken und vergilben zunächst einseitig, später bricht die Pflanze zusammen 6. Die Leitungsbahnen der Knolle sind von der Wurzel zu den Blättern fortschreitend braun verfärbt, im Querschnitt deutlich erkennbar .

☂ Der Pilz entwickelt sich bei hohen Temperaturen und niedrigen pH-Werten

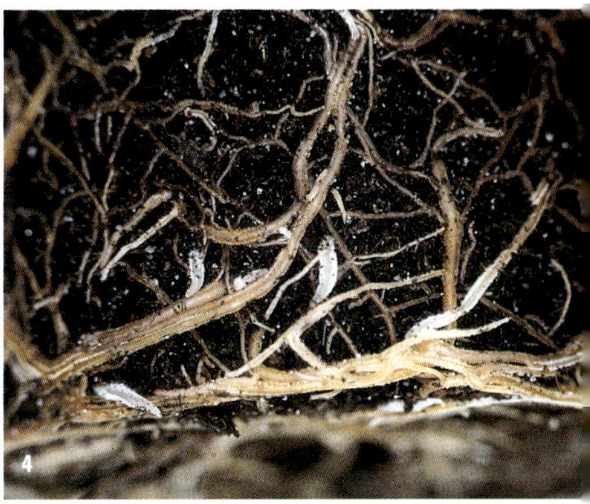
4

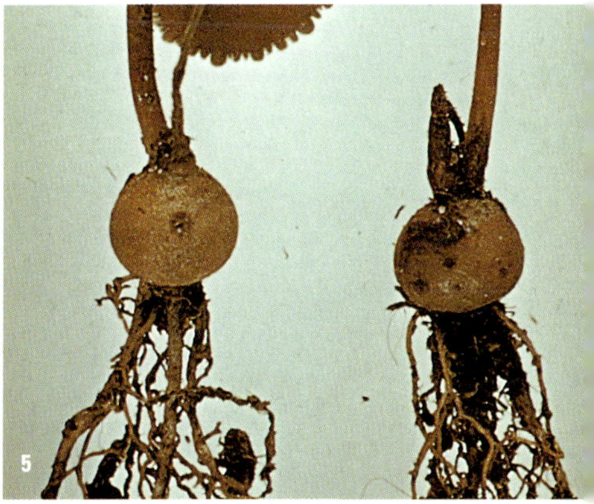
5

6

1

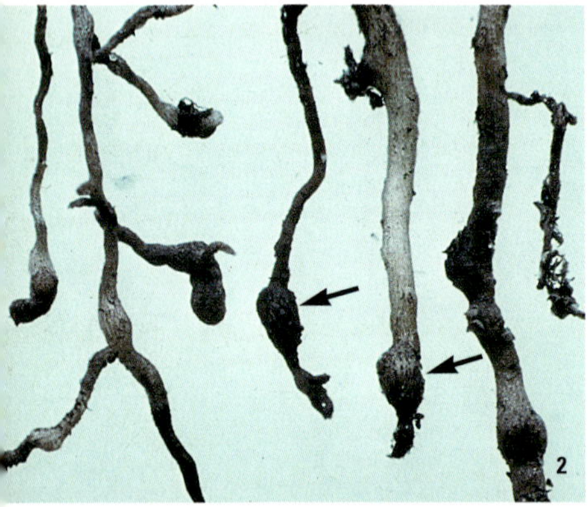

2

3

besonders gut. Diese Kulturbedingungen sind zu vermeiden. Während der Kultur sind die Hygienemaßnahmen einzuhalten. Siehe Seite 7f.

Grauschimmel (*Botrytis cinerea*)

Das Gewebe wird wäßrig und weichfaul, bei hoher Luftfeuchte entsteht ein grauer Sporenrasen. Die Pockenbildung auf Blüten kann in einer Nacht entstehen [1].

Alte Blätter und abgestorbenes Pflanzengewebe aus dem Bestand entfernen. Besonders in den Wintermonaten möglichst trocken kultivieren, Luftfeuchte durch reichliches Lüften herabsetzen, Taubildung in der Nacht verhindern.
Die chemische Bekämpfung kann die kulturtechnischen Maßnahmen nur unterstützen, sie kann durch Spritzbehandlungen mit Euparen, Rovral oder Ronilan in Beständen erforderlich werden.

Wurzelgallenälchen (*Meloidogyne incognita*)

Das Wachstum der Pflanzen ist deutlich verringert. An den Wurzeln entstehen perlschnurartige, knotige Anschwellungen [2].

Befallene Pflanzen beseitigen. Bei ausgepflanzen Kulturen die Stellfläche dämpfen oder ggf. auf Containerkultur umstellen.

Weichhautmilben (Tarsonemidae)

Jüngere Blätter verhärtet und deformiert. Besonders Blütenstengel einseitig grindig und brüchig. Blüten deformiert mit weißlich braunen Verhärtungen [3].

Pflanzen auf Befall kontrollieren. Kranke Pflanzen sofort entfernen. Zur chemischen Bekämpfung siehe Seite 226.

Trauermückenlarven (Sciaridae)
🔎 Glasig weiße Larven mit schwarzer Kopfkapsel (etwa 7 mm) [4] fressen an Wurzeln und Knollen junger Pflanzen.
☂ Aussaaten und Jungpflanzen direkt nach der Saat bzw. dem Pikieren mit insektenpathogenen Nematoden (Steinernema feltiae, z. B. Exhibit F 27), 250 000 Nematoden pro m^2, abgießen.

Dickmaulrüßler (*Otiorrhynchus sulcatus*)
🔎 Das Auftreten der Käfer ist am Buchtenfraß an den Blättern zu erkennen. Den eigentlichen Schaden verursachen die Larven durch Fraß an den Wurzeln und an der Knolle. Die Larven sind weiß mit brauner Kopfkapsel, bauchseits gekrümmt und bis zu 12 mm groß. [5]
☂ Der Einsatz insektenpathogener Nematoden (*Steinernema carpocapsae* oder *Heterorhabditis* sp.) hat sich bewährt. Je nach Befallsstärke werden 250 – 500 000 Nematoden pro m^2 bzw. 4 000 Nematoden pro Liter Substrat gegossen. Die Bodentemperatur muß mindestens 13 °C betragen, auf gleichmäßige Bodenfeuchte ist zu achten.

Kalifornischer Thrips (*Frankliniella occidentalis*)
🔎 Junge Blätter [6] und Blüten [7] deformiert, Vegetationskegel verkrüppelt. In den Blüten, besonders in den Staubgefäßen starke Vermehrung der Thripse.
☂ Bestände sind mit Blautafeln auf Befall

zu kontrollieren. Die Kontrolle ist bei Jungpflanzen besonders wichtig, da bereits wenige Tiere zu Verkrüppelungen führen. In blühenden Beständen ist ein Befall nicht mehr zu eliminieren. Zur Tilgung eines Befalls ist der frühe, wiederholte Einsatz von Insektiziden erforderlich, siehe Seite 226.

Weitere Krankheiten und Schädlinge:
Pythium-Wurzelfäule siehe Seite 12
Rhizoctonia-Stengelgrundfäule tritt gelegentlich bei Jungpflanzen auf, siehe Seite 36
Blattläuse siehe Seite 56

Dieffenbachia, Dieffenbachie

Während der Kultur sind Temperaturen von etwa 20 °C erforderlich, später können die Pflanzen auch bei niedrigeren Temperaturen stehen, sofern der Wurzelballen nicht zu kalt wird. Trotz des hohen Lichtbedarfs sollten die Pflanzen vor direkter Sonneneinstrahlung in den Sommermonaten geschützt werden. Erhöhte Luftfeuchte (80 %) fördert die Entwicklung der Pflanzen, birgt jedoch die Gefahr der Ausbreitung von Pilzen und Bakterien. Das Substrat sollte sehr humushaltig sein und einen pH-Wert von 5,5 – 6,0 aufweisen. Die Pflanzen haben einen hohen Kalium-Bedarf, der durch schwache, aber regelmäßige Düngungen gedeckt werden kann.

Bakterielle Stammfäule (*Erwinia chrysanthemi*)
Der Wuchs ist gehemmt, die Blätter fahlgrün, die Blattstiele oft nach unten gekrümmt, ältere Blätter vergilben. Der

Stengelgrund platzt auf, ein gelblich-brauner Bakterienschleim tritt aus [1].
⛱ Kranke Pflanzen beseitigen. Stecklinge nur von gesunden Pflanzen entnehmen. Stecklingsmesser nach jedem Schnitt desinfizieren (z. B. im Backofen).

Bakterielle Blattflecken (*Pseudomonas cichorii*)
🔍 Vergilbung und Fäulnis des Blattgewebes mit öligem Rand, oft vom Blattrand ausgehend [2].
⛱ Siehe Seite 222.

Phytophthora-Stammgrundfäule
🔍 Einzelne Pflanzenpartien welken und sterben ab [3]. Die Fäulnis schreitet vom Stamm in die Blätter fort.
⛱ Kranke Pflanzen beseitigen, möglichst trocken kultivieren.

3

Blattflecken (*Colletotrichum gloeosporioides*)
🔍 Im Blattgewebe entstehen dunkle, wäßrig faule Blattflecken, in deren Mitte sich kleine schwarze Fruchtkörper entwickeln [4].
⛱ Kranke Pflanzenteile entfernen, Luftfeuchte herabsetzen. Bestände sind durch eine Euparen-Behandlung vor einer weiteren Ausbreitung des Pilzes zu schützen.

4

Weitere Krankheiten und Schädlinge:
Blattläuse siehe Seite 56
Schildläuse siehe Seite 20
Schmierläuse siehe Seite 25
Spinnmilben siehe Seite 13
Thripse siehe Seite 14

Dracaena, Drachenbaum

Die Pflanzen benötigen einen hellen, vor direkter Sonneneinstrahlung geschützten Standort bei 18 – 24 °C. *Dracaena draco* und *D. fragrans* können auch bei 12 – 16 °C kultiviert werden. Das humose Substrat sollte nicht zu schwer sein. Der optimale pH-Wert des Substrates liegt bei 5,0 – 6,0.

Ringfleckenvirus

🔎 Blattaufhellungen, Vergilbungen von Blättern mit typischen Ringflecken [1].
☂ Kranke Pflanzen entfernen. Die Übertragung der Krankheit erfolgt durch saugende Insekten. Siehe Seite 221.

Fusarium-Stengelfäule *(Fusarium* sp.)

🔎 Schwarze Verfärbung des Blattgrundes, vom Stamm ausgehend [2].
☂ Kranke Pflanzenteile bis ins gesunde Holz ausschneiden.

Bananentriebbohrer (*Opogona sacchari*)

🔎 Der Austrieb welkt, der Stamm wird weich, die Rinde löst sich leicht ab. Unter der Rinde fressen die Larven des unscheinbaren Falters. Die Verpuppung erfolgt unter der Rinde. Die Puppenhülle bleibt in der Rinde stecken [3].
☂ Befallene Stämme beseitigen. In Beständen Fanglampen aufhängen.

Weitere Krankheiten und Schädlinge:

Blattläuse siehe Seite 56
Schmierläuse siehe Seite 25
Spinnmilben siehe Seite 13
Thripse siehe Seite 14

Euphorbia, Weihnachtsstern, Christusdorn

Die blühenden Pflanzen sollten bei Zimmertemperatur und nicht zu niedriger Luftfeuchte aufgestellt werden. Niederschlag durch zu hohe Luftfeuchte bzw. zu starke Temperaturabsenkung in der Nacht ist zu vermeiden. Die Töpfe dürfen nicht auf kalten Flächen stehen, sie sollten gleichmäßig feucht gehalten und mäßig gedüngt werden. Staunässe führt zu Wurzelfäule und Blattfall. Der optimale pH-Wert liegt zwischen 5,5 und 6,5. Hohe Salzgehalte sind zu vermeiden.

Enationen

🔍 Gewebeausstülpungen der Blattspreite [4]. Die Ursache der Anomalie ist nicht bekannt, möglicherweise führen starke Klimaschwankungen und unausgeglichene Wasser- und Nährstoffversorgung zu derartigen Gewebeveränderungen.

Geisterflecken

🔍 Auf den gefärbten Brakteen treten unregelmäßige weiße Flecken auf [5].

☂ Der Einfluß stark schwankender Temperaturen und/oder Luftfeuchtigkeiten, unausgewogene Nährstoffversorgung oder zu geringe Lichtintensität werden als Ursache diskutiert.

Salzschäden

🔍 Blattränder zunächst gelb, später braun verfärbt und eingetrocknet [6]. Die Blätter fallen ab.

☂ Zu hoher oder zu stark schwankender Salzgehalt des Bodens. Zu hohe Salzgehalte dürfen nicht zu plötzlich reduziert werden.

4

5

6

1

Molybdän-Mangel

Die Blätter weisen Einschnürungen, einseitige Verkrümmungen und z. T. auch Löcher auf [1].

pH-Wert von 5,5 – 6,0 einstellen. Die Versorgung der Jungpflanzenkultur mit Mikronährstoffen sicherstellen (5 g Mo/m³).

2

Scheuerflecken

Auf den gefärbten Brakteen sind helle Stellen [2]. Die geschädigten Stellen haben sich an anderen Blättern oder der Verpackung gerieben.

Bei längeren Vermarktungswegen anfällige Sorten meiden.

Schlechte Brakteenausfärbung

Brakteen teilweise grün, ungleichmäßig ausgefärbt [3].

Für gleichmäßige Temperaturführung während der Brakteenausfärbung sorgen.

Triebchimären

Jüngste Blätter deformiert, eingeschnürt, häufig auch weißscheckig [4]. Ursache: Mutationen des Zellscheitelgewebes bei der Stecklingsentnahme.

3

4

poinsettia mosaik virus

🔎 Blätter mosaikartig aufgehellt [5]. Symptome werden oftmals erst bei gleichzeitigem Auftreten des poinsettia cryptic virus beobachtet.

☂ Siehe Seite 221.

Wurzelbräune (*Thielaviopsis basicola*)

🔎 Blätter vergilben, ältere Blätter verbräunen vom Blattrand her. Die Wurzeln sind infolge einer Trockenfäule braun verfärbt, daran sind oft kurze, weiße Wurzeln, siehe Bild [4] Seite 27.

☂ Salzgehalt des Substrates prüfen, nur mit geringen Konzentrationen düngen, häufiger, aber nicht zu stark gießen.

Wurzel- und Stammgrundfäule (*Phytophthora nicotianae*)

🔎 Die Blätter welken und vergilben [6]. Die Wurzeln sind weichfaul. Die Krankheit ist von *Pythium* nur sehr schwer zu unterscheiden. Eine Laboruntersuchung ist bei Jungpflanzen unbedingt erforderlich.

☂ Möglichst trocken kultivieren, seltener, aber durchdringend gießen. Substrate mit grober Struktur verwenden. Siehe Seite 223.

Wurzel- und Stammgrundfäule (*Pythium ultimum*)

🔎 Die Blätter welken und vergilben. Die Wurzeln sind weichfaul. Die Wurzelrinde läßt sich vom Zentralzylinder abziehen, so daß „Wurzelbärte" verbleiben [7].
Die begeißelten Sporen des Pilzes benötigen zur Ausbreitung eine hohe Bodenfeuchte. Sauerstoffmangel im Boden begünstigt den Befall.

☂ Möglichst trocken kultivieren, seltener, aber durchdringend gießen. Substra-

5

6

7

te mit grober Struktur verwenden. Siehe Seite 223.

Stengelgrundfäule (*Rhizoctonia solani*)
Besonders Jungpflanzen welken in den ersten Tagen bis Wochen nach dem Stecken bzw. nach dem Topfen. Der Stengelgrund ist zunächst einseitig verbräunt und eingeschnürt [1]. Unter aufliegenden Blättern entwickeln sich lange Pilzfäden.
Stecklinge nach dem Stecken mit Rovral spritzen. Jungpflanzen nicht zu tief topfen. Nach dem Topfen mit geringem Druck spritzen, damit der Stengelgrund gut benetzt wird.

3

1

2

Triebsterben, Grauschimmelfäule (*Botrytis cinerea*)
Einzelne Triebe welken und sterben ab, auf den dunkel verfärbten Stengeln entsteht bei hoher Luftfeuchte ein grauer Schimmelbelag.
Helle Stippen, später braune Flecken auf den Brakteen, Absterben einzelner Hochblätter.
Grauer Sporenrasen auf Cyathien, von dort ausgehend verfault die gesamte Braktee [2].
Verfärbung der weichen, nur wenige Millimeter langen Seitentriebe in den Blattachseln. Von den Seitentrieben wächst der Pilz in den Stengel hinein, der sich zunächst partiell verfärbt, später abstirbt.
Besonders gefährdet sind eng stehende, verdunkelte Bestände im August – September, wenn nachts Niederschlag entsteht, sowie blühende Bestände bei zu starker Absenkung der Nachttemperatur. Siehe Seite 223.

Fusarium-Welke (*Fusarium oxysporum*) **an Euphorbia milii**

🔎 Einzelne Pflanzenteile sind von innen heraus verbräunt und sterben unter braun-schwarzer Verfärbung ab [3].

☂ Kranke Pflanzenteile umgehend entfernen. Bestände durch eine Behandlung mit Tecto flüssig vor einer weiteren Ausbreitung des Pilzes schützen. Mutterpflanzen sorgfältig kontrollieren.

Rhizopus-Fäule (*Rhizopus stolonifer*)

🔎 Oberirdische Pflanzenteile sterben unter grau-schwarzer Fäule des Pflanzengewebes ab [4]. Die Fäulnis ist bei hoher Luftfeuchte von watteartigem Pilzgeflecht überzogen.

☂ Die pilzliche Erkrankung tritt besonders bei hoher Luftfeuchte unter Folie auf. Mutterpflanzenbestände sind auf Befall zu kontrollieren. Die Maßnahmen zur Bekämpfung von *Botrytis* sind zu beachten.

Rußtau

🔎 Auf Honigtauausscheidungen von Insekten zunächst helles, später schwarz werdendes Pilzgeflecht [5].

☂ Insekten, besonders die Weiße Fliege, bekämpfen.

Kalifornischer Thrips (*Frankliniella occidentalis*)

🔎 Einstichstellen im Blatt. Um die geschädigten Zellen verkrüppelt das Blattgewebe [6].

☂ Die schädigenden Thripse fliegen von Nachbarkulturen oder von der Stellfläche einer befallenen Vorkultur zu. An *Euphorbia pulcherrima* können sie sich nicht vermehren. Siehe Seite 226.

Weiße Fliege (*Trialeurodes vaporariorum, Bemisia tabaci*)

⚲ Auf den Blattunterseiten 2 – 3 mm große Mottenschildläuse mit weißen Flügeln und ungeflügelten hellgelben Larvenstadien [1]. Die Flügel stehen bei *Bemisia* steiler dachförmig über dem Hinterleib als bei *Trialeurodes* [2]. Bei stärkerem Befall vergilben die Blätter. Es entsteht ein klebriger Honigtaubelag.

☂ Siehe Seite 226.

Trauermückenlarven (Sciaridae)

⚲ Glasig weiße Larven mit schwarzer Kopfkapsel, etwa 7 mm lang. Sie leben in feucht-humosem Substrat und dringen von dort in den Stengel ein [3]. Gefährdet sind Stecklinge und Jungpflanzen in den ersten zwei bis drei Wochen.

☂ Siehe Seite 225.

Weitere Krankheiten und Schädlinge: Schmierläuse, Blattläuse und Schildläuse kommen an anderen *Euphorbia*-Arten gelegentlich vor, siehe Seite 25,56, 224f.

Ficus, Feigenbaum

Die Pflanzen lieben viel Licht, sollten jedoch vor direkter Sonneneinstrahlung im Sommer geschützt werden. Die Mindesttemperatur sollte je nach Art 16 – 20 °C betragen. Günstig ist eine möglichst ganzjährige Bodentemperatur von etwa 20 °C. Der pH-Wert der humusreichen, schwach gedüngten Torf- und Torf-Ton-Substrate sollte bei 5,5 – 6,5 liegen.

Tomatenbronzeflecken-Virus (tomato spotted wilt virus)

Blattgewebe unregelmäßig verbräunt, Blattfläche teilweise verhärtet [4].

Kranke Pflanzen entfernen, Bestände mit Blautafeln überwachen. Das Virus wird in Beständen durch Thripse verbreitet.

Bakterielle Blattflecken (*Pseudomonas syringae*)

Oftmals vom Blattgrund ausgehende braune Verfärbung, die über das Blatt fortschreitet und zum Absterben einzelner Blätter und Triebe führt [5].

Kranke Pflanzenteile sofort entfernen. Stecklingsmesser wechseln und desinfizieren. Niederschlag bei relativ hohen Temperaturen (Vermehrung) fördert den Befall (siehe auch Seite 221).

Spinnmilben (*Tetranychus urticae*)

Auf Blättern weißgelbe Sprenkel [6], später flächige Aufhellungen und Vertrocknen der Blätter. Die 0,2 – 0,5 mm großen Milben leben blattunterseits im Schutz zarter Gespinste.

Hohe Temperaturen und trockene Luft fördern den Befall. Zur Bekämpfung siehe Seite 226.

Thripse (Thysanoptera)

Blattpartien sind unregelmäßig weißlich-gelb verfärbt [7]. Dunkle Kottröpfchen, besonders blattunterseits, sind typisch für den Thripsbefall. Die kleinen schlanken, gelblich bis braunen Tiere halten sich überwiegend blattunterseits auf. Niedrige Luftfeuchte und hohe Temperatur fördern den Befall. Die Früherkennung eines Befalls ist mit Blautafeln möglich.

4

5

6

7

☂ Der rechtzeitigen Bekämpfung der Thripse kommt wegen der Gefahr der Übertragung von Virosen besondere Bedeutung zu. Siehe Seite 221.

Weitere Krankheiten und Schädlinge:

Blattflecken siehe Seite 31
Blattälchen siehe Seite 18
Schildläuse siehe Seite 20
Weichhautmilben siehe Seite 14

1

2

Filices, Farne: Adiantum, Asplenium, Cyrtomium, Pteris, Blechnum, Nephrolepis

Die Pflanzen sind langsam an höhere Lichtintensitäten zu gewöhnen. Die Temperaturen sollten nachts 16 – 18 °C nicht unterschreiten. Erhöhte Luftfeuchte ist bei guter Luftzirkulation positiv, stagnierende Luft führt bei hoher Feuchte leicht zur Entwicklung von Pilzkrankheiten und zur Ausbreitung von Blattälchen. Das humose Substrat sollte einen geringen Salzgehalt (max. 1g/l) und einen pH-Wert je nach Pflanzengattung von 4,5 – 5,5 aufweisen.

Nichtparasitäres Braunwerden der Blattfiedern

🔍 Zunächst entstehen braune Strichelungen, später werden besonders bei *Adiantum* einzelne Blattfiedern braun und vertrocknen [1].

☂ Große Temperaturschwankungen vermeiden, im Winter möglichst 15 °C halten, Bodenreaktion bei pH 5,5 – 6,0 einstellen, nicht zu stark düngen, nicht mit kaltem Wasser gießen, keine Staunässe entstehen lassen.

Tomatenbronzeflecken-Virus
(tomato spotted wilt virus)

🔍 Unregelmäßige braune Flecken auf Fiederblättern, teilweise vom Blattrand ausgehend [2].

☂ Kranke Pflanzen entfernen, Bestände mit Blautafeln auf Thripsbefall, der das Virus verbreitet, überwachen.

Schildläuse (Coccidae)

🔍 Auf den Blättern helle Saugstellen der Läuse. Unter den braunen Schilden entwickeln sich viele grüne Jungtiere, die sich entlang der Blattadern festsetzen und später braun verfärben 3. Bei starkem Befall entsteht auf den Blättern eine klebrige Honigtauschicht, auf der sich Rußtaupilze ansiedeln und die Blätter schwarz verschmutzen.

☂ Blätter mit einem Wattebausch mit Salatöl vorsichtig abreiben oder Pflanzen wiederholt mit mineralölhaltigen Präparaten (z. B. Para-Sommer oder Promanal) spritzen. Unter dem Ölfilm ersticken die Läuse. (Nicht zu oft wiederholen, Vorsicht bei direkter Sonneneinstrahlung.)

3

Blattälchen *(Aphelenchoides fragariae)*

🔍 Blattgewebe zwischen den Adern gelblich bis braun verfärbt 4. Die Verfärbungen sind von den Adern scharf begrenzt. In handwarmem Wasser verlassen die 1 mm langen Nematoden das Blattgewebe und sind auf einer dunklen Unterlage leicht erkennbar.

☂ Befallene Wedel entfernen. Pflanzen gut abtrocknen lassen. Bildung von Niederschlag vermeiden.

4

Schnecken (*Deroceras laeve* u. a.)

🔍 Zunächst Schabe- und Fensterfraß der kleinen, dunkelbraunen Farnschnecke, später entstehen Löcher im Blatt 5.

☂ Feuchtigkeit im Bestand verringern, bei Einzelpflanzen Schnecken absammeln, je nach Befallsstärke können Schneckenkorn, Schneckenband oder Schneckenstaub eingesetzt werden.

5

Weitere Krankheiten und Schädlinge:

Blattläuse siehe Seite 56
Spinnmilben siehe Seite 13
Thripse siehe Seite 14

Helxine (Soleirolia), Bubikopf

Die anspruchslosen Pflanzen sollten in nicht zu saurer Erde kultiviert werden. Niederschlag in den Pflanzen ist durch gute Belüftung zu vermeiden, da *Botrytis* und *Rhizoctonia* zu totalem Zusammenbruch der Pflanzen führen können.

Krankheiten und Schädlinge:
Botrytis-Grauschimmel und Rhizoctonia-Stengelgrundfäule siehe Seite 36
Weiße Fliege siehe Seite 43

Hibiscus, Eibisch

Die nährstoffbedürftigen Pflanzen lieben ein humusreiches Substrat mit einem pH-Wert von 6,0 – 6,5. Die Temperatur sollte 18 – 20 °C betragen, aber auch 30 °C werden bei entsprechender Luft- und Ballenfeuchte vertragen. Im Winter kann die Temperatur bis 16 °C abgesenkt werden. Die Pflanzen haben einen hohen Lichtbedarf.

3

Tomatenbronzeflecken-Virus (tomato spotted wilt virus)
🔍 Blattgewebe unregelmäßig aufgehellt, mit kleinen Läsionen, Blattfläche teilweise verhärtet und verkrüppelt [1].
☂ Kranke Pflanzen entfernen, Bestände mit Blautafeln überwachen. Das Virus wird durch Thripse verbreitet.

Gelbfleckigkeit (hibiscus chlorotic ringspot virus)
🔍 Auf den Blättern entstehen gelbe, oft ringförmige Aufhellungen [2].
☂ Kein Vermehrungsmaterial von kranken Pflanzen entnehmen. Stark befallene Pflanzen beseitigen. Siehe Seite 221.

1

2

Weiße Fliege, Mottenschildläuse
(*Trialeurodes vaporariorum, Bemisia tabaci*)

⚲ Auf den Blattunterseiten 2 – 3 mm große Mottenschildläuse mit weißen Flügeln 3 und ungeflügelten hellgelben Larvenstadien. Die Flügel stehen bei *Bemisia* steiler dachförmig über dem Hinterleib als bei *Trialeurodes.* Bei stärkerem Befall vergilben die Blätter. Es entsteht ein klebriger Honigtaubelag.

☂ Siehe Seite 226.

Weitere Krankheiten und Schädlinge:
Stengelgrundfäule siehe Seite 36
Blattläuse siehe Seite 56
Schild- und Schmierläuse siehe Seite 25
Spinnmilben siehe Seite 13

4

Hippeastrum, Amaryllis

Die Lufttemperatur sollte nicht unter 16 °C liegen. Für eine gute Wurzelentwicklung sollte die Bodentemperatur nicht unter 20 °C sinken. Das Substrat, ein Torf-Ton-Gemisch oder eine Komposterde, ist auf einen pH-Wert von 6,0 – 7,5 einzustellen.

Roter Brenner
(Pilz: *Stagonospora curtisii* 4, Weichhautmilbe: *Steneotarsonemus laticeps* 5)

⚲ Auf Zwiebelschalen, Blütenschäften und Blättern karminrote, schwielige Flecken. Blütenschäfte stocken im Wachstum und verkrümmen sich 4 5.

☂ Befallene Zwiebeln beseitigen. Befallsgefährdete Zwiebeln einer Warmwasserbehandlung bei 46 °C über zwei Stunden unterziehen. Die Temperatur muß dabei exakt eingehalten werden.

5

1

2

3

Weitere Krankheiten und Schädlinge:
Große Narzissenfliege
Schmierläuse siehe Seite 25

Hydrangea, Hortensie

Es werden torf-lehmhaltige Erden bevorzugt. Der pH-Wert ist bei blauen Sorten auf 3,5 – 4,5, bei roten Sorten auf 5,5 – 6,5 einzustellen. Die Temperatur ist entsprechend dem Entwicklungsstadium der Pflanzen einzustellen. Zur Knospenausreife im Herbst wird die Temperatur von 18 °C auf 16 °C gesenkt, ehe die Pflanzen bei 5 °C überwintert werden können.

Ringfleckigkeit (hydrangea ringspot virus)
Blätter mit ringförmigen Aufhellungen, teilweise deformiert [1], Blütenbildung verringert.
Mutterpflanzen sorgfältig selektieren. Siehe Seite 221.

Tomatenbronzeflecken-Virus (tomato spotted wilt virus)
Blattgewebe unregelmäßig aufgehellt, mit kleinen Läsionen, Blattfläche teilweise verhärtet und verkrüppelt [2].
Kranke Pflanzen entfernen, Bestände mit Blautafeln überwachen. Das Virus wird durch Thripse verbreitet.

Blütenvergrünung (Phytoplasmen)
Blüten sind vergrünt, oftmals klein, einzeln stehend, auch der gesamte Blütenstand kann betroffen sein.
Strenge Mutterpflanzenselektion vornehmen.

Blattfleckenkrankheit (*Phyllosticta hydrangea*)

🔎 Dunkle, runde Blattflecken mit brauner Mitte. Das geschädigte Blattgewebe reißt bei weiterem Wachstum des Blattes auf [3].

☂ Für rasches Abtrocknen der Pflanzen sorgen. Durch den Einsatz von Kupfer-Präparaten ist eine Ausbreitung der Krankheit zu stoppen. Besonders effektiv ist Kupferhydroxid, es hinterläßt aber einen starken Spritzbelag.

Blattflecken (*Septoria hydrangeae*)

🔎 Auf den Blättern unregelmäßig verteilte, braune Flecken mit rotem Rand [4].

☂ Für ein rasches Abtrocknen der Blätter sorgen. Besonders gefährdet sind die Pflanzen in den Monaten Juni bis August. Bei Befallsgefahr sind Pflanzenbestände mit Kupferpräparaten, Dithane Ultra oder Saprol Neu zu behandeln.

Echter Mehltau (*Microsphaera polonica*)

🔎 Auf den Blättern entstehen zunächst gelbgrüne, später rötlich-braune, scharf begrenzte Flecken. Blattunterseits entwickelt sich auf den Flecken ein spärlicher, weißlich-grauer bis violetter Pilzbelag. [5]

☂ Die Pflanzen sind besonders bei Taunächten im Sommer und während der Treiberei gefährdet. In Gewächshäusern kann vorbeugend Schwefel verdampft werden. Bei Befall sind Spritzbehandlungen vorzunehmen. Siehe Seite 222.

Stengelälchen (*Ditylenchus dipsaci*)

🔎 Der Stengel ist verdickt, verkrümmt und brüchig [6]. Die Blätter sind oft kleiner und verkrüppelt.

1

2

3

⚘ Kranke Pflanzenteile entfernen. Mutterpflanzen sorgfälltig selektieren.

Weitere Krankheiten und Schädlinge:
Botrytis-Grauschimmel siehe Seite 17
Blattläuse siehe Seite 56
Blattwanzen siehe Seite 68
Spinnmilben siehe Seite 13
Weichhautmilben siehe Seite 47

Kalanchoë, Flammendes Käthchen

Die Pflanzen sollten hell und luftig kultiviert werden. Je nach Sorte setzen die Pflanzen bei Tageslängen unter 11 bis 12,5 Stunden Knospen an. Die Temperatur sollte im Sommer 18 – 25 °C betragen und im Winter 15 – 16 °C nicht unterschreiten. Der optimale pH-Wert des torfhaltigen Substrates liegt zwischen 5,5 und 6,5. Zu niedrige Temperaturen und starke Schwankungen von Luft- und Bodenfeuchte können Korkwucherungen, korkartige Auftreibungen auf Blättern, Stengeln und Blüten zur Folge haben.

Blattringflecken (kalanchoë top spotting virus)
🔍 Ringförmige Aufhellungen des Blattgewebes [1]. Das Wachstum der Pflanzen ist gehemmt.
⚘ Siehe Seite 221.

Gewebeanomalien (kalanchoë virus)
🔍 Junges Blattgewebe aufgehellt. Ältere Blatter verhärtet, aufgewölbt und verkrüppelt [2].
⚘ Siehe Seite 221.

Blütenvergrünung (Phytoplasmen)
🔎 Blütenblätter kleiner und vergrünt [3].
☂ Siehe Seite 221.

Weichhautmilben (Tarsonemidae)
🔎 An Blatt- und Blütenstielen entstehen grindig braune Verkorkungen [4]. Das Blattgewebe verhärtet und verkrüppelt, die Blätter bleiben kleiner, die Blattränder sind oftmals nach unten gebogen.
Die Entwicklung der 0,3 mm großen, glasig weißen Milben ist unter feuchtwarmen Bedingungen begünstigt.
☂ Mutterpflanzen sind ständig auf Befall zu kontrollieren. Zur chemischen Bekämpfung siehe Seite 226.

Weitere Krankheiten und Schädlinge:
Echter Mehltau siehe Seite 16
Botrytis-Grauschimmel siehe Seite 17
Myrothecium-Stammfäule siehe Seite 11
Phytophthora siehe Seite 51
Blattläuse siehe Seite 56
Schmierläuse siehe Seite 25

Orchideen

Das Substrat sollte grobfaserig und humos sein. Die Pflanzen sind salzempfindlich, optimal sind Salzgehalte unter 0,7 g/l und ein pH-Werte je nach Gattung von 5,0 – 6,0.

Virosen (Odontoglossum-Ringfleckenvirus und Cymbidien-Mosaikvirus) **an Cattleya**
🔎 Im Blatt- und Blütengewebe unregelmäßige braune Flecken [5].
☂ Kranke Pflanzen entfernen.

4

5

6

Blattflecken (Rhabdo-Viren)
🔎 Zunächst gelbe, später braune, langgezogene Flecken im Blatt [6].
☂ Siehe Seite 221.

Tomatenbronzeflecken-Virus
(tomato spotted wilt virus)
an Phalaenopsis

Kümmerwuchs, Blattfläche z. T. deformiert und verhärtet. Im Blattgewebe unregelmäßige braune Flecken [1].

Kranke Pflanzen entfernen, Bestände mit Blautafeln überwachen. Das Virus wird durch Thripse verbreitet.

Basalfäule (*Fusarium sacchari* var. *elongatum*) **an Odontoglossum**

Der Basalbulbus fault unter weißlicher Verfärbung [2].

Kranke Pflanzen entfernen

Fusarium-Stengelfäule (*Fusarium oxysporum*)

Einzelne Blätter werden fahlgrün bis gelb. Am Wurzelhals entsteht ein weißlich-rosa Myzelpolster [3].
Die Sporen werden durch Spritzwasser leicht verbreitet. Unter feuchtwarmen Bedingungen entwickelt sich der Pilz sehr rasch.

Zur Bekämpfung des Pilzes stehen keine ausreichend wirksamen Pflanzenschutzmittel zur Verfügung. Der Kulturhygiene, insbesondere der Verwendung sauberer Kulturgefäße und krankheitsfreier Erden kommt daher besondere Bedeutung zu. Siehe Seite 7f.

Blattflecken (*Colletotrichum gloeosporioides*)

Auf den Blättern dunkelbraune, eingesunkene Blattflecken [4], gelegentlich infolge einer Schädigung wie z. B. durch Kälte.

Kranke Pflanzenteile entfernen. Den übrigen Bestand möglichst trocken kultivieren, eventuell eine Spritzung mit Euparen vornehmen.

Blattflecken (*Selenophoma* sp.) **an Masdevallia**

🔎 Kleine schwarzbraune Blattflecken, Vergilbung befallener Blätter 5.

☂ Kranke Pflanzenteile entfernen. Für rasches Abtrocknen der Pflanzen sorgen.

Grauschimmel (*Botrytis cinerea*)

🔎 Die Pockenbildung auf Blüten kann in einer Nacht entstehen 6. Das Gewebe wird wäßrig und weichfaul, bei hoher Luftfeuchte entsteht ein grauer Sporenrasen.

☂ Alte Blätter und abgestorbenes Pflanzengewebe aus dem Bestand entfernen. Besonders in den Wintermonaten möglichst trocken kultivieren, Luftfeuchte durch reichliches Lüften herabsetzen, Taubildung in der Nacht vermeiden.

Weitere Krankheiten und Schädlinge:

Bakteriosen (*Erwinia*- oder *Pseudomonas*-Arten) treten gelegentlich mit fahler Blattverfärbung und Faulstellen an allen Orchideen auf (Bekämpfung siehe Seite 221)

Phytophthora-Fäule siehe Seite 52
Pythium-Wurzelfäule siehe Seite 12
Rhizoctonia-Stengelgrundfäule siehe Seite 36
Schildläuse siehe Seite 40
Schnecken siehe Seite 41
Spinnmilben und Thripse siehe Seite 39
Wanzen und Gallmücken siehe Seite 85

4

5

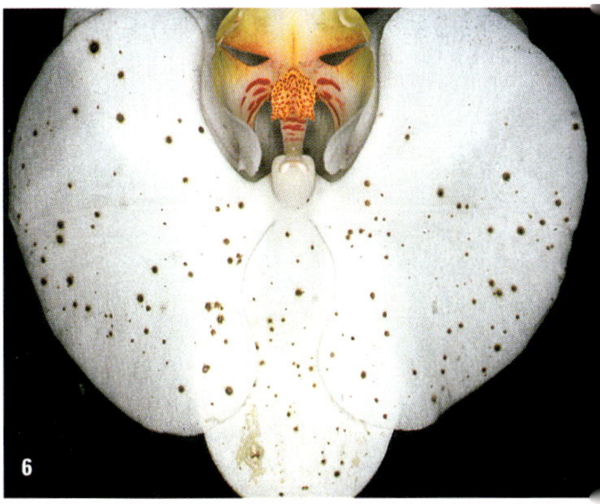

6

1

2

3

4

Palmen: Chamaedorea, Howeia, Microcoelum, Phoenix

Das lehmige strukturstabile Substrat sollte einen pH-Wert von 5,5 – 6,5 aufweisen. Reine Torfkultursubstrate sind ungeeignet. Der Wurzelballen darf nicht austrocknen, auf regelmäßige Wasserversorgung achten. Nach entsprechender Abhärtung können die Pflanzen bei 10 °C überwintert werden, kurzfristig werden auch 4 °C vertragen.

Gliocladium-Triebsterben an Kentia

(*Gliocladium vermoeseni*)

🔍 Am Stengelgrund entstehen braune Faulstellen, darauf entwickelt sich ein weißer Sporenbelag [1]. Befallene Triebe welken und sterben ab.

☂ Siehe Fusarium-Triebsterben.

Fusarium-Triebsterben (*Fusarium* sp.)

🔍 Einzelne Triebe werden fahlgrün, welken und sterben ab. Die Wurzeln sind gesund, die Stammbasis fault, darauf entwickelt sich bei ausreichender Feuchtigkeit ein rötlicher Pilzbelag [2].

☂ Kranke Pflanzen entfernen, Werkzeuge und Kulturgefäße desinfizieren, mit keimfreiem Wasser gießen.

Blattflecken (*Coniothyrium* sp., *Graphiola* sp., *Exosporium* sp.)

🔍 Zunächst helle kleine, später braune Blattflecken mit aufgewölbtem Rand, von gelber Aufhellung umgeben. Die Flecken sind unregelmäßig verteilt, sie fließen später ineinander [3].

☂ Hohe Luftfeuchte und Blattbenetzung vermeiden. Stark befallene Pflanzenteile entfernen. Zur chemischen Bekämpfung mit Rovral oder Saprol Neu spritzen.

Thripse (Thysanoptera)

🔍 Blattpartien sind unregelmäßig weißlich-gelb verfärbt [4]. Dunkle Kottröpfchen, besonders blattunterseits, sind typisch für den Thripsbefall.

Die kleinen schlanken, gelblich bis braunen Tiere halten sich überwiegend blattunterseits auf. Niedrige Luftfeuchte und hohe Temperatur fördern den Befall. Die Früherkennung eines Befalls ist mit Blautafeln möglich.

☂ Der rechtzeitigen Bekämpfung der Thripse kommt wegen der Gefahr der Übertragung von Virosen besondere Bedeutung zu. Siehe Seite 221.

Weitere Krankheiten und Schädlinge:

Schildläuse siehe Seite 25
Spinnmilben siehe Seite 13

Saintpaulia, Usambaraveilchen

Die Pflanzen sollten nicht der direkten Sonneneinstrahlung ausgesetzt werden. Hohe Lichtintensität ist jedoch für einen guten Knospenansatz erforderlich. Bei einer Temperatur von 20 – 24 °C und einer Luftfeuchte von 70 – 95 % gedeihen die Pflanzen sehr gut. Das durchlässige humose Substrat hat einen optimalen pH-Wert von 6,0 – 7,0. Die Gießwassertemperatur sollte maximal 5 °C unter der Lufttemperatur liegen.

1

2

3

4

Einrollen der Blätter

Blätter durch zu niedrigen pH-Wert des Substrates vom Blattrand her nach oben eingerollt [1].

Lichtmangel

Blätter sind aufgehellt und kleiner, Blattrand oft nach oben gebogen, Blattstiele verlängert [2].

Wasserflecken

Helle, meist eingesunkene, kreisförmige Blattflecken [3].
Ursache: Gießen mit zu kaltem Wasser oder bei zu starker Sonneneinstrahlung.

Tomatenbronzeflecken-Virus
(tomato spotted wilt virus)

Kümmerwuchs, Blattfläche z. T. deformiert. Im Blattgewebe zunächst nur bei Gegenlichtbetrachtung, später braune Eichenblattmuster [4].

Kranke Pflanzen entfernen, Bestände mit Blautafeln überwachen. Das Virus wird durch Thripse verbreitet.

Bakterielle Welke (*Erwinia chrysanthemi*)

Die Wüchsigkeit befallener Pflanzen läßt nach, sie werden stumpfgrau und welken. Blattstiele faulen vom Blattgrund ausgehend [5].

Kranke Pflanzen entfernen. Siehe Seite 7.

Stammgrund- und Wurzelhalsfäule
(*Phytophthora nicotianae* var. *parasitica, P. cryptogea*)

Blätter sind stumpfgrau, Pflanzen welken [6], Wurzeln und Wurzelhals faulen.

Die Fäulnis schreitet vom Stammgrund in die Blattspreite fort.
Kranke Pflanzen beseitigen, übrige Pflanzen mit Aliette oder Fonganil Neu gießen. Möglichst trocken kultivieren.

Echter Mehltau (*Oidium* sp.)
Mehlartiger Belag auf Blüten und Blättern [7].
Stark schwankende Temperaturen und Zugluft vermeiden. In Gewächshäusern kann vorbeugend Schwefel verdampft werden. Zur chemischen Bekämpfung siehe Seite 222.

Weichhautmilben (Tarsonemidae)
Die jüngsten Blätter sind stark behaart. Das Blattgewebe verhärtet und verkrüppelt, die Blätter bleiben kleiner und werden brüchig. Bei starkem Befall sind die Blüten fleckig und mißgebildet [8].
Die Entwicklung der 0,3 mm großen, glasig weißen Milben ist unter feuchtwarmen Bedingungen begünstigt.
Mutterpflanzen sind ständig auf Befall zu kontrollieren. Zur chemischen Bekämpfung siehe Seite 226.

Kalifornischer Thrips (*Frankliniella occidentalis*)
Junge Blätter deformiert, Vegetationskegel verkrüppelt (siehe Bild [1], Seite 54). Blüten mit Stippen, von Blütenstaub verschmutzt [2], Blütenränder verbräunt. In den Blüten, besonders in den Staubgefäßen starke Vermehrung der Thripse.
Bestände sind mit Blautafeln auf Befall zu kontrollieren. Die Kontrolle ist bei Jungpflanzen besonders wichtig, da wenige Tiere zu Verkrüppelungen führen. In blühen-

5

6

7

8

den Beständen ist ein Befall nicht mehr zu eliminieren (siehe Seite 226).

Weitere Krankheiten und Schädlinge:
Botrytis-Grauschimmel und Cylindrocarpon siehe Seite 27, 28
Rhizoctonia-Stengelgrundfäule siehe Seite 36
Blattälchen und Blattläuse siehe Seite 64, 65

Senecio, Kreuzkraut, Greiskraut

Die Blütenbildung der Pflanzen erfolgt nach einer Kühlperiode von drei bis sechs Wochen bei 6 – 12 °C, danach ist eine Temperatur von 15 – 18 °C einzustellen. Die Überwinterung der Pflanzen kann bei Temperaturen von 6 – 8 °C erfolgen. Bei 0 °C entstehen Schäden. Der pH-Wert des Torf-Kompost-Gemisches beträgt 6,0 – 7,0.

Viröse Blattflecken (Tomatenbronzeflecken-Virus)
⚲ Blattaufhellungen, Adern oft schwärzlich [3], Blätter rollen sich, welken und sterben ab.
☂ Das Virus wird durch Thripse und auch mit dem Samen übertragen. Siehe Seite 221.

Stengelgrund- und Wurzelhalsfäule (*Phytophthora cinnamomi, P. cryptogea*)
⚲ Pflanzen welken, Wurzeln und Wurzelhals faulen. Die Fäulnis schreitet in den Stengelgrund fort, die unteren Blätter verbräunen [4].

Kranke Pflanzen beseitigen, übrige Pflanzen mit Aliette gießen. Möglichst trocken kultivieren.

Alternaria-Blattflecken (*Alternaria senecionis*)

Von den Adern begrenzte unregelmäßig verteilte braune Flecken mit dunklem Rand 5. Später gehen die Flecken ineinander über.

Kranke Pflanzenteile beseitigen, Luftfeuchte niedrig halten, Blätter nicht zu oft befeuchten. Zur chemischen Bekämpfung sind Rovral oder Baymat flüssig geeignet.

Falscher Mehltau (*Bremia lactucae*)

Von den Blattadern scharf begrenzte helle Flecken 6, blattunterseits ein schmutzig weißer Sporenbelag.

Luftfeuchte kontrollieren, nachts die Taupunkttemperatur nicht unterschreiten, häufiges Befeuchten der Blätter vermeiden.

Kranke Pflanzenteile möglichst entfernen. Bei beginnendem Befall wiederholt mit Fonganil Neu oder Previcur N 8 nur

1

2

in Großpackungen im Handel) spritzen. Die Zulassung sieht Spritzbehandlungen nicht vor, Probespritzungen vornehmen!

Blattadernminierfliege (*Liriomyza huidobrensis, Phytomyza atricornis*)
⚲ Helle, geschlängelte Gangminen, bei *Liriomyza* oft entlang der Blattadern [1].
☂ Befallene Blätter beseitigen, Gelbtafeln zur Überwachung des Bestandes aufhängen. Bei Befall muß die Gattung bestimmt werden.

Blattläuse (Aphididae)
⚲ Blätter kräuseln und vergilben, bei starkem Befall klebriger Honigtau auf den Blättern [2].
☂ Einzelpflanzen mit Wasser abbrausen, biologische Pflanzenschutzmaßnahmen und chemische Bekämpfung siehe Seite 224.

Weitere Krankheiten und Schädlinge:
Echter Mehltau siehe Seite 53
Ascochyta-Blattfleckenkrankheit
Coleosporium-Rost

Sinningia, Gloxinie siehe Saintpaulia

Spathiphyllum, Einblatt

Benötigen einen hellen Standort. Bei Lichtmangel entstehen lange Blatt- und Blütenstiele, zu hohe Lichtintensität führt zu Blattaufhellungen. Das schwach aufgedüngte, humose Substrat sollte einen pH-Wert von 4,0 – 5,0 haben.

Stammgrundfäule (*Cylindrocladium spathiphylli*)
⚲ Einzelne Blätter werden gelb und sterben ab [3]. Die Pflanze fault oft einseitig vom Stammgrund ausgehend und stirbt ab. Die Wurzeln sind anfangs noch weiß.
☂ Strenge Hygiene während der Pflanzenvermehrung einhalten, keine infizierten Kultureinrichtungen ohne Desinfektion wiederverwenden.

Wurzelfäule (*Pythium splendens*)
⚲ Die Blätter werden fahlgrün und

stumpf. Sie welken und vergilben. Die Wurzeln sind weichfaul [4]. Die Wurzelrinde läßt sich vom Zentralzylinder abziehen, so daß „Wurzelbärte" verbleiben. Die begeißelten Sporen des Pilzes benötigen zur Ausbreitung eine hohe Bodenfeuchte. Sauerstoffmangel im Boden begünstigt den Befall.

☂ Möglichst trocken kultivieren, seltener, aber durchdringend gießen. Substrate mit grober Struktur verwenden.

Wurzelhalsfäule (*Phytophthora* sp.)

🔍 Von innen nach außen fortschreitende Fäulnis des Pflanzenherzes [5].

☂ Kranke Pflanzen beseitigen, übrige Pflanzen mit Aliette gießen. Möglichst trocken kultivieren.

Weitere Krankheiten und Schädlinge:

Bananentriebbohrer siehe Seite 32
Spinnmilben siehe Seite 13

3

5

4

Yucca, Palmlilie

Das Substrat mit Lehmanteil sollte einen pH-Wert von 5,0 – 6,5 aufweisen. Zu hohe Salzgehalte und zu hoch konzentrierte Düngerlösungen können braune Blattspitzen zur Folge haben.

Gelbscheckung (Virose)

Blätter, insbesondere die Blattspitzen mit gelben Scheckungen [1].

Kranke Pflanzen beseitigen, Blattläuse bekämpfen, da sie das Virus übertragen. Siehe Seite 221.

Blattfleckenkrankheit (*Coniothyrium concentricum*)

Zunächst kleine braune Blattflecken mit aufgewölbtem Rand, von gelber Aufhellung umgeben. Die Flecken sind unregelmäßig verteilt, sie fließen später ineinander [2].

Hohe Luftfeuchte und Blattbenetzung vermeiden. Stark befallene Pflanzenteile entfernen. Zur chemischen Bekämpfung mit Rovral oder Saprol Neu spritzen.

Gallmilben (*Cecidophyopsis hendersonii*)

Das Blattgewebe ist aufgehellt, bei Vergrößerung werden die weißlichen, walzenförmigen Milben erkennbar. Bei starkem Befall verbräunen die Blattränder [3].

Stark befallene Pflanzenteile entfernen. Einzelpflanzen von Zeit zu Zeit einem leichten Regen aussetzen oder abbrausen. Sofern die Pflanzen nicht der direkten Sonneneinstrahlung ausgesetzt sind, ist eine Behandlung mit einem mineralölhaltigen Pflanzenschutzmittel möglich. Bei größeren Pflanzenbeständen können Spritzbehandlungen mit Rody vorgenommen werden.

Schildläuse (Coccidae)

⚲ Auf den Blättern helle Saugstellen der Läuse. Unter den braunen Schilden entwickeln sich viele grüne Jungtiere, die sich entlang der Blattadern festsetzen und später braun verfärben [4]. Bei starkem Befall entsteht auf den Blättern eine klebrige Honigtauschicht, auf der sich Rußtaupilze ansiedeln und die Blätter schwarz verschmutzen.

☂ Stark befallene Blätter entfernen. Blätter mit einem Wattebausch mit Salatöl vorsichtig abreiben oder Pflanzen wiederholt mit mineralölhaltigen Präparaten (z. B. Para-Sommer oder Promanal) spritzen. Unter dem Ölfilm ersticken die Läuse. (Nicht zu oft wiederholen, Vorsicht bei direkter Sonneneinstrahlung.)

Thripse (*Taeniothrips* sp.)

⚲ Blattpartien sind unregelmäßig weißlich-gelb verfärbt. Dunkle Kotttröpfchen, besonders blattunterseits sind typisch für den Thripsbefall [5].

Die kleinen schlanken, gelblich bis braunen Tiere halten sich überwiegend blattunterseits auf. Niedrige Luftfeuchte und hohe Temperatur fördert den Befall. Die Früherkennung eines Befalls ist mit Blautafeln möglich.

Weitere Krankheiten und Schädlinge:

Blattläuse siehe Seite 56

4

5

Zantedeschia, Calla

Die nährstoffbedürftigen Pflanzen wachsen bei 15 – 18 °C und einem pH-Wert von 5,5 – 6,5 in durchlässigen Substraten.

Gelbfleckigkeit und **Gelbstreifigkeit** (Virus)

Blüten mißgebildet, Blätter verdreht, helle, teils ringförmige Flecken, Blütenstiele mit heller Strichelung [1].

Das Virus wird von Thripsen verbreitet. Kontrolle der Thripse mit Blautafeln vornehmen und rechtzeitig bekämpfen, siehe Seite 221, 226.

Bakterielle Naßfäule (*Erwinia carotovorum*)

Blatt- und Blütenstiele werden an der Erdoberfläche naßfaul und knicken um [2]. Die Wurzeln sind naßfaul, auf den Knollen eingesunkene braune Flecken.

Knollen sorgfältig kontrollieren. Nur gesunde Knollen pflanzen. Kranke Pflanzen umgehend aus dem Bestand entfernen. Siehe Seite 7f.

Weitere Krankheiten und Schädlinge:

Blattläuse siehe Seite 56
Spinnmilben siehe Seite 13

Krankheiten und Schädlinge an Beetpflanzen, Sommerblumen, Stauden

Aconitum, Eisenhut

Die Pflanzen benötigen einen gut mit Nährstoffen versorgten, humosen Boden in sonniger bis halbsonniger Lage. Der pH-Wert sollte im Bereich von 6,0 – 7,5 liegen. Jungpflanzen sollten zunächst nur mäßig gedüngt werden.

Streifen- und Bandmosaik-Virus
⚲ Auf den Blättern hellgrüne Streifen und Bänder [1], die später verbräunen.
☂ Befallene Pflanzen beseitigen, Blattläuse übertragen das Virus. Siehe Seite 221.

Echter Mehltau (*Erysiphe polygoni*)
⚲ Auf den Blattober- und Blattunterseiten sowie an den Blattstielen entsteht ein mehlig weißer Belag. Auch die Blüten werden befallen. Unter dem Belag ist das Gewebe braun verfärbt. Vergleiche Bild [1], Seite 70.
☂ Zur chemischen Bekämpfung siehe Seite 222.

Weitere Krankheiten und Schädlinge:
Eisenhut-Goldeule

Althaea, Stockmalve

Stockrosen gedeihen auf nährstoffreichen, humosen, offenen, gelegentlich auch zur Austrocknung neigenden Böden in voller Sonne sehr gut. Der optimale pH-Wert liegt zwischen 5,0 und 6,0. Besonders geeignete Standorte sind Rabatten vor Hauswänden.

Rostkrankheit (*Puccinia malvacearum*)
⚲ Auf den Blättern eingesunkene, helle Flecken, blattunterseits weißlich-gelbe, später braune Rostpusteln [2].

1

2

Die Pilzsporen werden durch die Luft verbreitet.

Kranke Blätter rechtzeitig entfernen. Zur chemischen Bekämpfung siehe Seite 222.

Spinnmilben (*Tetranychus urticae*)

Auf Blättern weißgelbe Sprenkel, später flächige Aufhellungen und Vertrocknen der Blätter [1]. Die 0,2 – 0,5 mm großen Milben leben blattunterseits im Schutz zarter Gespinste.

Hohe Temperaturen und trockene Luft fördern den Befall. Zur Bekämpfung siehe Seite 226.

Weitere Krankheiten und Schädlinge:
Malvenflohkäfer

Alyssum, Steinkraut

Kalkhaltige, steinige und durchlässige Böden auf warmen, trockenen Plätzen in voller Sonne stellen den idealen Standort für das Steinkraut dar. Geeignet sind Mauerkronen, Fugen und Kiesflächen an Plattenwegen oder in Trögen, in denen die Pflanzen gut gedeihen.

Weißer Rost (*Albugo candida*)

Zunächst braungrüne Flecken auf den Blattoberseiten, blattunterseits entstehen im weiteren Krankheitsverlauf weißlichgelbe Warzen [2].

Kranke Pflanzenteile entfernen und die übrigen Pflanzen mit Dithane Ultra oder Polyram Combi behandeln. Für eine gute Belichtung sorgen, zu hohe Luftfeuchte durch zu eng stehenden Pflanzenbestand vermeiden.

Weitere Krankheiten und Schädlinge:
Falscher Mehltau siehe Seite 63

Anemone

Bevorzugte Standorte der Anemonen sind in lichtem Schatten von Gehölzen und Mauern, in wechselsonniger Lage vor Gehölzen. Der Boden sollte humos und gut mit Nährstoffen versorgt sein. Ein pH-Wert von 6 – 7 ist optimal.

Virosen

🔎 An Anemonen kommen mehrere Virosen vor, die Blattaufhellungen, Verbräunungen, mosaikartige Aufhellungen, Wuchsdepressionen, Wuchsanomalien, Blütenvergrünungen, Blütenfarbbrechungen zur Folge haben [3].

☂ Kranke Pflanzen entfernen. Siehe Seite 221.

Knollenfäule (*Sclerotinia tuberosa*)

🔎 Pflanzen sterben nesterweise ab, Wurzelhals naßfaul. Bei fortgeschrittener Krankheit entstehen schwarze Dauerkörper (Sclerotien) des Pilzes im Boden.

☂ Befallene Pflanzen vorsichtig mit der umgebenden Erde entfernen. Eine weitere Ausbreitung des Pilzes kann durch eine Gießbehandlung mit Rovral verhindert werden.

Kräuselkrankheit (*Colletotrichum acutatum*)

🔎 Der Pilz verursacht Wachstumsdepressionen, Wuchsanomalien und Blattkräuselungen, junge Pflanzenteile wachsen nicht oder verändert [4]. Dadurch entstehen Trichterpflanzen. Das Gewebe junger Pflanzenteile ist oftmals eingeschnürt, eingetrocknet oder auch verbräunt.

☂ Jungpflanzen auf Befall prüfen. Bei beginnendem Befall Euparen einsetzen. Frühe Bekämpfungen von *Botrytis* mit Euparen beugen einem Befall vor.

Falscher Mehltau (*Plasmopara pygmaea*)

🔎 Blattoberseits bleiche Stellen, blattunterseits ein schmutzig weißer Sporenbelag.

3

4

☂ In Kulturräumen Luftfeuchte kontrollieren, nachts die Taupunkttemperatur nicht unterschreiten, häufiges Befeuchten der Blätter vermeiden. Bei ausgepflanzten Beständen für gute Belüftung der Pflanzen sorgen.

Kranke Pflanzenteile möglichst entfernen. In Beständen bei beginnendem Befall wiederholt mit Fonganil Neu oder Previcur N (nur in Großpackungen erhältlich) spritzen. Die Zulassung sieht Spritzbehandlungen nicht vor, Probespritzungen vornehmen!

Grauschimmel (*Botrytis cinerea*)

⚲ Das Gewebe wird wäßrig und weichfaul, bei hoher Luftfeuchte entsteht ein grauer Sporenrasen [1]. Besonders im Herbst und im Frühjahr, wenn nach Frostperioden feuchtwarme Witterung einsetzt.

☂ Alte Blätter und abgestorbenes Pflanzengewebe aus dem Bestand entfernen. In den Wintermonaten in Kulturräumen trocken kultivieren, Luftfeuchte herabsetzen, Taupunkttemperatur in der Nacht nicht unterschreiten. Zur chemischen Bekämpfung siehe Seite 223.

Blattläuse (Aphididae)

⚲ Blätter kräuseln und vergilben, bei starkem Befall klebriger Honigtau auf den Blättern [2].

☂ Einzelkolonien der Läuse abschneiden und entfernen, biologische Pflanzenschutzmaßnahmen ergreifen (siehe Seite 224). Chemische Bekämpfung ebenfalls siehe Seite 224.

Blattadernminierfliege (*Liriomyza huidobrensis*)

⚲ An den Blättern zunächst viele kleine, gelbe Einstichstellen, später helle Miniergänge in den Blättern. Die dunkelbraunen Puppen der Fliege liegen auf den Blättern und fallen in den Boden [3].

☂ Jungpflanzen beim Kauf sorgfältig auf Befall kontrollieren. Befallene Blätter rechtzeitig entfernen, ehe sich Puppen entwickeln. In geschlossenen Kulturräumen ist eine sehr effektive Bekämpfung mit Schlupfwespen (*Dacnusa, Diglyphus*) möglich.

Blattälchen (*Aphelenchoides fragariae, A. ritzemabosi*)
🔍 Zunächst gelbe, später braune, eckige Blattflecken, von den Blattadern scharf begrenzt [4]. Die Nematoden leben im Blattgewebe, sie können sich bei häufiger Blattbenetzung auf dem Blatt und an der Pflanze rasch verbreiten.
☂ Befallene Pflanzenteile entfernen und die Kulturführung trockener gestalten. Eine Blattbenetzung ist zu vermeiden. Keine Pflanzenteile von kranken Pflanzen für Vermehrungen verwenden.

Weitere Krankheiten und Schädlinge:
Blattläuse und Thripse siehe Seite 85, 86
Weiße Fliege siehe Seite 98

4

5

Antirrhinum, Löwenmäulchen

Auf humosen, nährstoffreichen Böden bei pH-Werten von 6–7 gedeihen die Löwenmäulchen sehr gut. Es sollten helle, aber windgeschützte Standorte gewählt werden, damit die Pflanzen nicht umfallen. Bei Jungpflanzen sollte die Düngung mäßig beginnen.

Falscher Mehltau (*Peronospora antirrhini*)
🔍 Blattoberseits bleiche Stellen, blattunterseits ein weißlich bis bräunlicher Sporenbelag [5].
☂ In Kulturräumen Luftfeuchte kontrollieren, nachts die Taupunkttemperatur nicht unterschreiten, häufiges Befeuchten der Blätter vermeiden. Bei ausgepflanzten Beständen für gute Belüftung der Pflanzen sorgen.
Kranke Pflanzenteile möglichst entfernen. In Beständen bei beginnendem Befall wiederholt mit Fonganil Neu oder Previcur N (nur in Großpackungen erhältlich) spritzen. Die Zulassung sieht Spritzbehand-

1

2

lungen nicht vor, Probespritzungen vornehmen!

Rostkrankheit (*Puccinia antirrhini*)

Auf den Blättern eingesunkene, helle Flecken, blattunterseits gelbe, später braune Rostpusteln [1]. Blätter welken und sterben ab.

Die Pilzsporen werden durch die Luft verbreitet.

Untere kranke Blätter rechtzeitig entfernen. Zur chemischen Bekämpfung siehe Seite 222.

Weitere Krankheiten und Schädlinge:

Echter Mehltau siehe Seite 89
Phyllosticta-Blatt- und Stengelflecken siehe Seite 22
Pythium-Wurzelfäule siehe Seite 97
Rhizoctonia-Stengelgrundfäule siehe Seite 36

Arabis, Gänsekresse

Die Pflanzen bevorzugen nährstoffreiche, durchlässige, trockene Böden in voller Sonne, aber auch im Halbschatten. Die kalkhaltigen Standorte haben einen optimalen pH-Wert von 6 – 7. Geeignet sind Mauerkronen, Fugen und Kiesflächen.

Falscher Mehltau (*Peronospora parasitica*)

Blattoberseits bleiche Stellen, Blätter nach unten gekrümmt. Blattunterseits ein schmutzig weißer Sporenbelag [2]. Befallene Stengel sind verdickt und gekrümmt.

Kranke Pflanzenteile möglichst entfernen. In Beständen bei beginnendem Befall wiederholt mit Fonganil Neu oder Previcur N (nur in Großpackungen erhältlich) spritzen. Die Zulassung sieht Spritzbehandlungen nicht vor, Probespritzungen vornehmen!

Weißer Rost (*Albugo candida*)

Zunächst bleiche, später braune bis violette Flecken auf den Blattoberseiten, blattunterseits schwielenartige, weißlich-gelbe Warzen [3]. Pflanzen werden mißfarbig und gehen ein.

Kranke Pflanzenteile entfernen und die übrigen Pflanzen mit Dithane Ultra oder

Polyram Combi behandeln. Für eine gute Belichtung sorgen, zu hohe Luftfeuchte durch zu eng stehenden Pflanzenbestand vermeiden.

Triebspitzengallmücken (*Dasyneura alpestris*)

An Triebenden bilden die Blätter eine lose Knospengalle. Junge Blätter sind löffelförmig gekrümmt, eng stehend und stark behaart.

Gallen sorgfältig abkneifen und vernichten.

Weitere Krankheiten und Schädlinge:

Phytophthora-Welke siehe Seite 95
Blattälchen siehe Seite 65

Aster, Callistephus, (Sommer-) Aster

Bevorzugt werden kalkhaltige, nährstoffreiche, humose Böden in voller Sonne. Die verschiedenen Arten können aber auch auf trockeneren Standorten kultiviert werden.

Virosen

An Astern kommen mehrere Virosen vor, die Blattaufhellungen, Vergilbungen von Blattadern und Blättern sowie gestauchten Wuchs zur Folge haben [4].

Kranke Pflanzen entfernen. Die Übertragung der Krankheit erfolgt häufig durch Zikaden. Siehe Seite 221.

Asternwelke (*Fusarium oxysporum* f. sp. *callistephi)*

Die Blätter welken und vergilben zunächst einseitig, später bricht die

3

4

Symptom des Impatiens necrotic spotted virus (INSV)

5

Pflanze zusammen (Bild 5, Seite 67). Die Leitungsbahnen sind von der Wurzel zu den Blättern fortschreitend braun verfärbt, im Querschnitt deutlich erkennbar.
☂ Der Pilz entwickelt sich bei hohen Temperaturen und niedrigen pH-Werten besonders gut. Resistente Sorten verwenden. Astern erst nach fünf bis sechs Jahren auf gleicher Fläche nachpflanzen.

Echter Mehltau (*Erysiphe cichoracearum*)
🔎 Auf den Blattober- und Blattunterseiten sowie auch an den Blattstielen entsteht ein mehlig weißer Belag 1. Unter dem Belag ist das Gewebe braun verfärbt.
☂ Zur chemischen Bekämpfung siehe Seite 222.

Blattläuse (Aphididae)
🔎 Blätter kräuseln und vergilben, Triebspitzen verkümmern und verkrüppeln 2. Bei starkem Befall klebriger Honigtau auf den Blättern.
☂ Einzelkolonien der Läuse abschneiden und entfernen, biologische Pflanzenschutzmaßnahmen ergreifen, siehe Seite 224. Chemische Bekämpfung ebenfalls siehe Seite 224.

Blattwanzen (*Lygus* spp.)
🔎 Zunächst kleine gelbe, später braune Saugstellen an den Blättern. Bei weiterem Wachstum der Blätter entstehen Löcher, Blattkräuselungen und Triebspitzenverkrüppelungen. 3
☂ Chemische Maßnahmen sind nur bei starkem Befall in Erwerbsanlagen erforderlich. Sie können mit Kaliseife (Neudosan) oder Präparaten, die Pyrethrum bzw.

Piperonylbutoxid enthalten, vorgenommen werden, und zwar morgens, solange die Tiere aufgrund niedriger Temperaturen noch flugunfähig sind.

Schnecken

⌕ Schabe- und Fensterfraß, es entstehen Löcher im Blatt. [4]

☂ Feuchtigkeit im Bestand verringern, bei Einzelpflanzen Schnecken absammeln (möglichst nachts). Je nach Befallsstärke können Schneckenkorn, Schneckenband oder Schneckenstaub eingesetzt werden.

Weitere Krankheiten und Schädlinge:

Verticillium-Welke, Blattälchen, Blattläuse, Spinnmilben und Thripse siehe Seite 82, 84–86

Erdraupen siehe Seite 127

Weichhautmilben siehe Seite 121

Azaleen siehe Rhododendron

Bellis, Gänseblümchen

Die Pflanzen bevorzugen einen lehmighumosen Gartenboden in voller Sonne. Bis zur Keimung sollten die Aussaaten schattig stehen. Die jungen Pflanzen sind dem Licht vorsichtig anzupassen.

Tomatenbronzeflecken-Virus

(tomato spotted wilt virus)

⌕ Blattgewebe unregelmäßig aufgehellt, mit kleinen Läsionen, Blattfläche teilweise verhärtet und verkrüppelt [5]. Blütenkörbchen unregelmäßig geformt, wirkt »zerzaust« [6].

☂ Kranke Pflanzen entfernen, Bestände in Kulturräumen mit Blautafeln überwa-

1

2

chen. Das Virus wird durch den Thrips *Frankliniella occidentalis* verbreitet.

Echter Mehltau (*Oidium* sp.)
⚲ Auf den Blattober- und Blattunterseiten sowie auch an den Stielen entsteht ein mehlig weißer Belag [1]. Unter dem Belag ist das Gewebe braun verfärbt.
☂ Zur chemischen Bekämpfung siehe Seite 222.

Entyloma-Blattflecken
⚲ Helle, pergamentartige Blattflecken, die sich rasch ausbreiten und die gesamte Pflanze befallen [2].
☂ Für rasches Abtrocknen der Pflanzen sorgen. Durchlässige Böden wählen. In Kulturräumen bei beginnendem Befall Rovral einsetzen.

Grauschimmel (*Botrytis cinerea*)
⚲ Das Gewebe wird wäßrig und weichfaul, bei hoher Luftfeuchte entsteht ein grauer Sporenrasen [3]. Besonders im Herbst und im Frühjahr, wenn nach Frostperioden feuchtwarme Witterung einsetzt.
☂ Alte Blätter und abgestorbenes Pflanzengewebe aus dem Bestand entfernen. In den Wintermonaten in Kulturräumen trocken kultivieren, Luftfeuchte herabsetzen, Taupunkttemperatur in der Nacht nicht unterschreiten. Zur chemischen Bekämpfung siehe Seite 223.

Rostkrankheit (*Puccinia perennis*)
⚲ Auf den Blättern eingesunkene, helle Flecken, besonders blattunterseits weißlich-gelbe, später braune Rostpusteln [4]. Die Pilzsporen werden durch die Luft verbreitet.

☂ Kranke Blätter rechtzeitig entfernen. Zur chemischen Bekämpfung siehe Seite 222.

Spinnmilben (*Tetranychus urticae*)
🔍 Auf Blättern weißgelbe Sprenkel, später flächige Aufhellungen und Vertrocknen der Blätter 5. Die 0,2 – 0,5 mm großen Milben leben blattunterseits im Schutz zarter Gespinste.
☂ Hohe Temperaturen und trockene Luft fördern den Befall. Zur Bekämpfung siehe Seite 226.

Raupen
🔍 An den Blättern Lochfraß, oftmals schwarzer Kot der Raupen auf den Blättern
☂ Pflanzen besonders abends kontrollieren und Raupen absammeln. In größeren Beständen kann der Einsatz von Pflanzenschutzmitteln erforderlich werden. Siehe Seite 225.

Weitere Krankheiten und Schädlinge:
Thripse siehe Seite 86
Erdraupen siehe Seite 127

Blumenzwiebeln: Hyacinthus, Lilium, Narcissus, Tulipa

Der für Blumenzwiebeln geeignete Boden ist durchlässig und möglichst sandig und hat einen pH-Wert zwischen 6,0 – 6,5. Staunässe ist unbedingt zu vermeiden, sie führt, wie auch unverrottete Pflanzenreste, zur Fäulnis der Zwiebeln. Verblühte Blütenstände sollten nach Möglichkeit entfernt und die Pflanzen zur Bildung neuer Zwiebeln entsprechend gedüngt werden. Die Pflanzung ist durch feinma-

3

4

5

1

schigen Draht oder ähnliche Vorkehrungen vor Mäusen zu schützen.
Zwiebeln nach Empfang kühl, luftig und trocken, nicht zu dicht und vor Sonne geschützt lagern. Zu hohe Lagertemperatur führt zur Verzögerung oder zum Sitzenbleiben der Blüte.

Nichtparasitäre Schäden

Bei **Hyazinthen** wird das Abstoßen des Blütenstandes [1], Abtrocknen oder Vertrocknen einzelner Blüten, grüne Blüten, abgeplattete Blütenstiele sowie glasige Stellen am Blütenboden und Verkalkungen der Zwiebeln beschrieben.
Bei **Lilien** treten deformierte, geplatzte oder gerissene Blütenkelche, das Eintrocknen und Abwerfen der Blütenknospen, kurze Blütenschäfte und Spitzenbräune der Blätter als Folge nichtparasitärer Ursachen auf.
Bei **Narzissen** werden das Steckenbleiben der Blüte und taube Knospen als nichtparasitäre Schadsymptome genannt.
Bei **Tulpen** kann die Verkalkung der Zwiebel, Gummifluß oder Korkflecken das Steckenbleiben des Sprosses, Umknicken des Stengels, weiße oder grüne Blütenblattspitzen sowie die Papierblütigkeit nichtparasitäre Ursachen haben.
Die Temperaturführung während der Präparierung, des Transportes, der Lagerung sowie während der Kultur sind häufig die Ursachen der genannten Schäden.

Virosen

An Blumenzwiebeln kommen eine Reihe von Virosen vor, die Blattaufhellungen, Vergilbungen von Blattadern und Blättern, Verbräunungen, mosaikartige Flekken an Blättern und Blüten sowie Verkrüppelungen und gestauchten Wuchs zur Folge haben [2].
Kranke Pflanzen entfernen. Die Über-

2

tragung der Krankheit erfolgt häufig durch Insekten.
Siehe Seite 221.

Gelber Rotz (*Xanthomonas campestris* pv. *hyacinthi*)
🔎 Dunkle, wäßrige Streifen in den Blättern, Blattspitzen welken. Vom Zwiebelboden ausgehende Fäule der inneren Zwiebelschuppen [3].
☂ Zwiebeln beim Empfang auf Befall kontrollieren. Befallene Zwiebeln entfernen.

Weißer Rotz (*Erwinia carotovora*)
🔎 Blattspitzen vergilben, Blatt- und Blütenstielgrund ist schleimig verfault.
☂ Die Infektion erfolgt über Verletzungen der Zwiebel im Boden.

Fusarium-Zwiebelgrundfäule (*Fusarium oxysporum*)
🔎 Die äußeren Zwiebelschalen weisen hellbraune Flecken auf, die später trocken und hart werden. Auf den Flecken entwickelt sich ein weiß-rötlicher Sporenbelag. Der Zwiebelboden wird rissig [4]. Befallene Tulpenzwiebeln riechen säuerlich-fruchtig. Bei Hyacinthen und Narzissen entsteht auch eine Weichfäule der Zwiebel ohne äußere Symptome. Im weiteren Krankheitsverlauf geht die Fäulnis auf die Wurzeln über. Erkrankte Pflanzen welken.
☂ Zwiebeln sorgfältig kontrollieren, befallene Zwiebeln aussortieren. Im Erwerbsanbau wird zur vorbeugenden Bekämpfung eine Tauchbehandlung empfohlen.

Pythium-Wurzelfäule (*Pythium ultimum* u. a.)
🔎 Die Blätter werden fahlgrün und stumpf. Sie welken und vergilben. Die

3

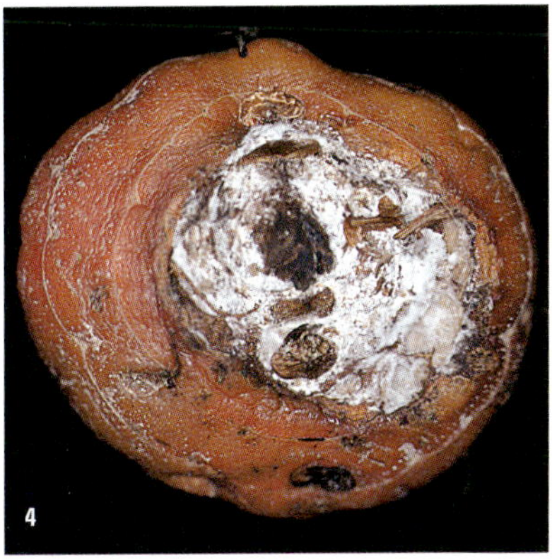
4

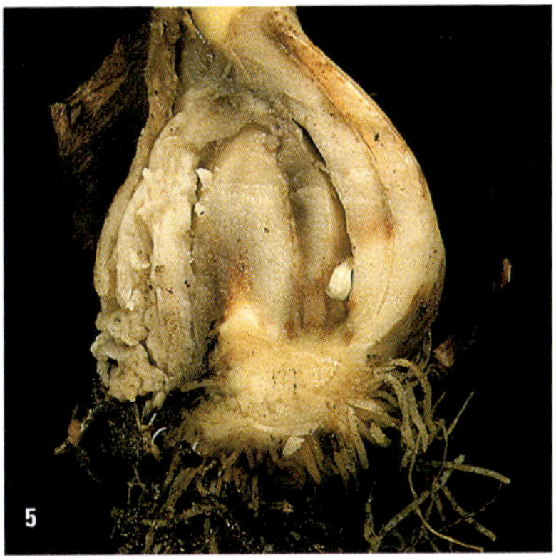
5

Wurzel ist weichfaul. Die Wurzelrinde läßt sich vom Zentralzylinder abziehen, so daß „Wurzelbärte“ verbleiben. Bei Tulpen tritt in der Folge Papierblütigkeit und bei starkem Befall eine Weichfäule der Zwiebel von innen auf (Bild 5, Seite 73).

Die begeißelten Sporen des Pilzes benötigen zur Ausbreitung eine hohe Bodenfeuchte. Sauerstoffmangel im Boden begünstigt den Befall.

☂ Möglichst trocken kultivieren, seltener, aber durchdringend gießen. Substrate mit grober Struktur verwenden.

Penicillium-Fäule (*Penicillium corymbiferum*)

🔍 Kleine, gelb-braune Flecken am Wurzelansatz, vom Zwiebelboden ausgehende Fäule. Unter den Hüllblättern der

Zwiebeln entsteht ein blaugrauer Schimmelbelag [1].

Zwiebeln sorgfältig kontrollieren, befallene Zwiebeln aussortieren. Im Erwerbsanbau wird zur vorbeugenden Bekämpfung eine Tauchbehandlung empfohlen.

Graufäule (*Sclerotium* sp.)

Zwiebeln innen rötlich-grau verfärbt. Am Zwiebelhals braune Faulstellen mit weißem Myzel [2], darin schwarze Dauerkörper.

Blatt- und Zwiebelerkrankung (*Stagonospora curtisii*)

An Narzissen und Amaryllis tritt der Pilz auf. Er verursacht rötlich braune Flecken an der Blattspitze, später auch auf der Blattspreite [3]. Auf den Zwiebeln sind dunkelbraune, fettfleckenähnliche Faulstellen.

Eine Bekämpfung ist meist nicht erforderlich. Kranke Zwiebeln sollten jedoch entfernt werden.

Sclerotinia-Blatt- und Blütenflecken, Zwiebel- und Triebfäulen (*Sclerotinia* sp.)

Blattgrund und Zwiebeln schwarzgrau verfärbt und weichfaul. Watteartiges Pilzmyzel zwischen den Zwiebelschuppen, darin schwarze Dauerkörper (Sclerotien) des Pilzes [4]. Bei Narzissen auch kleine, wäßrige, später hellbraune Flecken auf Blüten- und Kelchblättern.

Befallene Zwiebeln mit anhaftender Erde sorgfältig entfernen. In Beständen kann bei beginnendem Befall Rovral eingesetzt werden.

Schwarzbeinigkeit (*Sclerotium wakkeri*)

Stengel fault von der Basis und knickt um, an der Zwiebel Schwarzfleckung der Schuppen. Zwischen den Schuppen grauweißes Myzel mit schwarzen Sklerotien.

Befallene Zwiebeln mit anhaftender Erde sorgfältig entfernen. In Beständen kann bei beginnendem Befall Rovral eingesetzt werden.

Grauschimmel (*Botrytis* sp.)

Die Blattspitzen welken und trocknen ein, bei hoher Luftfeuchte entsteht auf den Blättern ein grauer Schimmelbelag. Auf den Zwiebelschuppen sind hellbraune Flecken, darauf entsteht ein hellbraunes Myzel. Bei Tulpen verkrüppeln die Triebe, die Blätter weisen Risse, Löcher und violette Verfärbungen auf. Die Krank-

1

2

heit kann sich rasch ausbreiten und auch die Blüten befallen [1].

☂ Kranke Pflanzenteile entfernen. In Beständen kann bei beginnendem Befall Rovral eingesetzt werden.

3

4

Rhizoctonia-Fäulen an Blattspitzen und am Blütenstand (*Rhizoctonia solani*)

⚲ Blattspitzen mit gelb-braunen eingesunkenen Flecken, Fäulen an den obersten Blüten des Blütenstandes [2].

☂ Kranke Pflanzenteile entfernen. In Beständen kann bei beginnendem Befall Rovral eingesetzt werden.

Ringelkrankheit (*Ditylenchus dipsaci*)

⚲ Bei starkem Befall wird am Zwiebelboden eine weiße Nematodenwolle sichtbar. Blätter meist verkrüppelt, verdreht und verkürzt. Später gelbe bis braune, längliche Flecken im Blatt. Der Blütenstand ist oft gedrungen und weist nur einen schwachen Blütenbesatz auf. Beim Querschnitt der Zwiebel werden ringförmige Verbräunungen sichtbar, die durch eine Trockenfäule befallener Zwiebelschuppen entstehen [3].

☂ Befallene Zwiebeln entfernen, Zwiebeln drei Wochen nach der Ernte einer Warmwasserbehandlung unterziehen.

Wurzelmilben (*Rhizoglyphus echinopus*)

Die Pflanzen sind im Wuchs gehemmt. Am Zwiebelboden und zwischen den Zwiebelschuppen entstehen braune Flecken. In dem braunen Fraßmehl leben die 0,7mm großen, glasig weißen Milben [4].

Befallene Zwiebeln entfernen, Zwiebeln drei Wochen nach der Ernte einer Warmwasserbehandlung unterziehen.

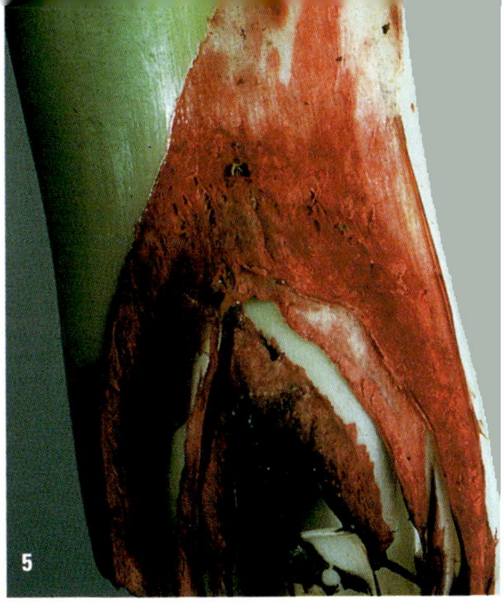

Narzissenmilbe (*Steneotarsonemus laticeps*)

Befallene Zwiebeln werden weich, ihr Austrieb ist kümmerlich und verbogen, die Blütenknospen öffnen sich nicht. Die Zwiebelschuppen weisen gelbbraune Stippen auf. Zwischen den Schuppen leben die glasig weißen, etwa 0,2 mm großen Weichhautmilben. [5]

Befallene Zwiebeln aussortieren. Eine Bekämpfung ist durch eine Tauchbehandlung der Zwiebeln, zwei Stunden in 43,5 °C warmem Wasser, möglich.

Blattläuse (Aphididae)

Junge Sprosse werden von den Zwiebeln ausgehend besiedelt. [6] Besonders schädlich sind die Läuse an eingelagerten Zwiebeln. In der Blüte richten sie nur noch geringen Schaden an.

Die Pflanzen sind vor der Knospenentwicklung zu kontrollieren. Eine Bekämpfung ist bei Befall der Zwiebel und sofern die Blüten geerntet werden erforderlich.

Lilienhähnchen (*Lilioceris lilii*)

An Lilien und Kaiserkronen treten im März-April leuchtendrote, etwa 7 mm große Käfer [7] mit dunklen Beinen und

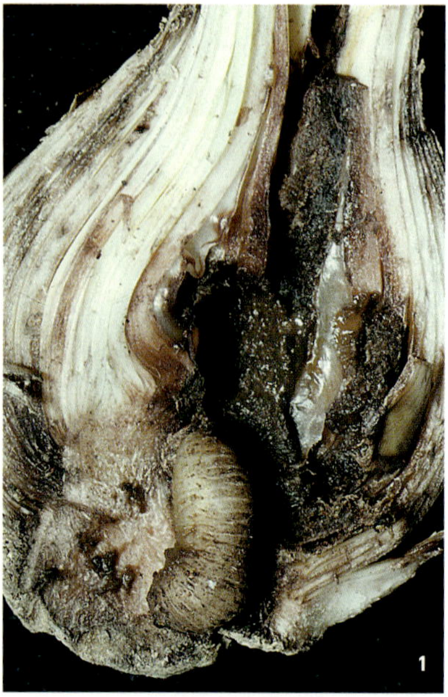

1

2

schwarzem Kopf auf. Die Käfer schädigen durch Lochfraß im Blatt. Ab Anfang Mai entwickeln sich die Larven, sie verursachen Fensterfraß, später Loch- und Blattrandfraß. Pro Jahr entwickeln sich zwei, gelegentlich auch drei Generationen.

☂ Eine Bekämpfung der Käfer ist in der Regel nicht erforderlich. Bei leichtem Befall sind Blätter mit Eigelegen auf der Blattunterseite abzusammeln.

Calceolaria, Pantoffelblume

Die Pflanzen werden in schwach sauren, humosen, tonhaltigen Substraten von pH 5,5 – 6,5 kultiviert. Calceolarien sind empfindlich gegenüber Staunässe und übermäßiger Düngung, solange sie noch nicht durchgewurzelt sind. In Gewächshäusern und Wintergärten darf die Temperatur im Frühjahr nur langsam, entsprechend dem Lichtangebot erhöht werden.

Phytophthora-Stengelgrundfäule
(*Phytophthora cactorum*)

🔍 Pflanzen welken. Vom Stengelgrund geht eine Fäulnis aus [1], die auch die unteren Blätter erfassen kann.

☂ Kranke Pflanzen und anhaftende Erde großzügig beseitigen. Keine für Phytophthora anfälligen Pflanzen nachpflanzen. Für guten Wasserabzug des Bodens sorgen. Bei beginnendem Befall Pflanzenbestände mit Aliette gießen.

Blattläuse (Aphididae)

🔍 Blätter kräuseln und vergilben, bei starkem Befall klebriger Honigtau auf den Blättern [2].

☂ Einzelkolonien der Läuse abschneiden und entfernen, biologische Pflanzenschutzmaßnahmen ergreifen, siehe Seite 224. Chemische Bekämpfung ebenfalls siehe Seite 224.

Blattälchen (*Aphelenchoides fragariae, A. ritzemabosi*)

🔍 Zunächst gelbe, später braune, eckige Blattflecken, von den Blattadern scharf begrenzt [3].

Die Nematoden leben im Blattgewebe, sie können sich bei häufiger Blattbenetzung auf dem Blatt und an der Pflanze rasch verbreiten.

☂ Befallene Pflanzenteile entfernen und die Kulturführung trockener gestalten. Eine Blattbenetzung ist zu vermeiden. Keine Pflanzenteile von kranken Pflanzen für Vermehrungen verwenden.

Weitere Krankheiten und Schädlinge:

Viruskrankheiten und Thripse siehe *Chrysanthemum*
Schnecken siehe Seite 124
Weiße Fliege siehe Seite 98

3

4

Schadbild des tomato spotted wilt virus (TSW-Virus)

Calluna, Besenheide siehe Erica

Chrysanthemum, Dendranthema, Argyranthemum, Leucanthemum, Tanacetum, Chrysanthemen

Nährstoffreiche, lehmige Böden mit einem pH-Wert von etwa 6,5 sind für Chrysanthemen ideal. Der Standort sollte sonnig sein und nicht zur Vernässung neigen.

Virosen

🔍 An Chrysanthemen kommen mehrere Virosen vor, die Blattaufhellungen, Vergilbungen von Blattadern und Blättern, Verbräunungen, Wachstumsanomalien, Blütenfarbveränderungen sowie Verkrüppelungen der Blüten zur Folge haben [4].

☂ Kranke Pflanzen entfernen. Die Übertragung der Krankheit erfolgt häufig durch Zikaden.

Siehe Seite 221.

Bakterielle Welke (*Erwinia chrysanthemi*)

Einzelne Pflanzen welken, der Stengel ist schwarz verfärbt, er läßt sich leicht zusammendrücken und reißt oftmals in Längsrichtung auf [1]. Die Leitungsbahnen sind braun verfärbt.
Die Krankheit tritt besonders bei gesteuerter Kultur unter Folie im Sommer auf.

Kranke Pflanzen umgehend beseitigen. Hohe Luftfeuchte bei hohen Temperaturen vermeiden.

Blatt- und Stengeltumore (*Agrobacterium tumefaciens*)

Tumore an Stengeln, seltener auch an Blättern.

Blättrige Gallen am Stengelgrund (*Rhodococcus fascians*)

Blumenkohlartige Auswüchse am Wurzelhals, fleischige Sprosse mit mißgestalteten Blättern [2].

Tumore entfernen. Das Bakterium überdauert im Boden.

Bakterielle Blattfleckenkrankheit (*Pseudomonas syringae*)

Braunschwarze, sich rasch vergrößernde Blattflecken, die oft erst im Spätsommer oder im Herbst auftreten und bei feuchtwarmer Witterung noch starke Schäden verursachen können [3].

Kranke Pflanzenteile rasch entfernen.

Phoma-Wurzel- und Stengelgrundfäule (*Phoma chrysanthemicola*)

Blätter verfärben, vergilben und verbräunen von unten nach oben fortschreitend [4]. Der Stengelgrund wird rissig und brüchig. Die Wurzeln sterben unter rötlicher Verfärbung ab.

4

5

☂ Befallene Pflanzen beseitigen, weniger anfällige Sorten auswählen. Auf befallenen Flächen keine Chrysanthemen mehr kultivieren.

Pythium-Stengelfäule (*Pythium ultimum*)

🔍 Die Pflanzen welken, der Stengelgrund verfärbt sich braun bis schwarz. Die Fäule geht auf den Blattgrund der unteren Blätter über [5]. Der Stengel ist innen braun verfärbt.

☂ Befallene Pflanzen beseitigen, für guten Abzug des Wassers sorgen, Vernässung des Bodens vermeiden. Gefährdete Bestände mit Fonganil Neu (nur in Großpackungen erhältlich) behandeln.

Sclerotinia-Stengelfäule (*Sclerotinia sclerotiorum*)

🔍 Pflanzen welken, an den Stengeln braune Flecken, im Stengel weißes, watteartiges Myzel, darin oft schwarze Dauerkörper (Sclerotien) [6].

6

☂ Befallene Pflanzen entfernen. Bei Beständen die übrigen Pflanzen mit Rovral behandeln.

Verticillium-Welke (*Verticillium alboatrum*)

🔍 Zunächst einseitige Welke der Blätter. Blätter bleiben vertrocknet am Stengel hängen [1]. Die Gefäßbündel im Stengelquerschnitt sind braun verfärbt. Die Wurzeln sind gesund.

☂ Befallene Pflanzen beseitigen. Keine für Verticillium anfälligen Pflanzen nachpflanzen.

Ascochyta-Krankheit (*Mycrosphaerella ligulicola*)

🔍 Auf Blüten, Blättern und Stengeln entwickeln sich sehr rasch graubraune bis schwarze Faulstellen. Oberhalb der Faulstellen welkt die Pflanze. Befallene Pflanzen brechen rasch zusammen [2].

☂ Jungpflanzen sorgfältig auf Befall kontrollieren. Befallene Pflanzen beseitigen. Auf befallenen Flächen keine Chrysanthemen nachpflanzen.

Echter Mehltau (*Oidium chrysanthemi*)

🔍 Auf Blattober- und Blattunterseiten sowie auch an Blattstielen entsteht ein mehlig weißer Belag [3]. Die Blätter verkrüppeln, die Knospen trocknen ein. Unter dem Belag ist das Gewebe braun verfärbt.

☂ Zur chemischen Bekämpfung siehe Seite 222.

Falscher Mehltau

Er tritt besonders bei *Argyranthemum* häufiger auf.

🔍 Blattoberseits bleiche Stellen, blattunterseits ein schmutzig weißer Sporenbelag [4].

☂ In Kulturräumen Luftfeuchte kontrollieren, nachts die Taubildung verhindern, häufiges Befeuchten der Blätter vermeiden. Bei ausgepflanzten Beständen für gute Belüftung der Pflanzen sorgen. Kranke Pflanzenteile möglichst entfernen. In Beständen bei beginnendem Befall wiederholt mit Fonganil Neu oder Previcur N (nur in Großpackungen erhältlich) spritzen. Die Zulassung sieht Spritzbehandlungen nicht vor, Probespritzungen vornehmen!

4

Grauschimmel (*Botrytis cinerea*)

🔍 Auf Blütenblättern zunächst kleine braune Punkte, mitunter geht die Fäule auch vom Blütenboden aus. Das Gewebe wird wäßrig und weichfaul, bei hoher Luftfeuchte entsteht ein grauer Sporenrasen [5]. Besonders im Herbst bei feuchtwarmer Witterung.

☂ Alte Blätter und abgestorbenes Pflanzengewebe aus dem Bestand entfernen. Nicht so schattige Standorte wählen. In den Wintermonaten in Kulturräumen trocken kultivieren, Luftfeuchte herabsetzen, Taupunkttemperatur in der Nacht nicht unterschreiten. Zur chemischen Bekämpfung siehe Seite 223.

5

Ramularia-Blattflecken (*Ramularia* sp.)

🔍 Hellgelbe bis bräunliche Blattflecken. Besonders bei *Argyranthemum* [6].

☂ Befallene Blätter beseitigen, Für rasches Abtrocknen des Laubes sorgen. Gefährdete Bestände mit Saprol Neu und Rovral im Wechsel behandeln.

6

1

2

3

Septoria-Blattfleckenkrankheit
(*Septoria chrysanthemella*)

Auf den Blättern dunkelgrau-schwarze, scharf begrenzte runde Flecken [1].

Befallene Blätter entfernen, besonders großlaubige Sorten nicht zu eng pflanzen, größere Bestände bei Befallsgefahr in Schlechtwetterperioden mit Saprol Neu oder Dithane Ultra behandeln.

Weißer Chrysanthemenrost (*Puccinia horiana*)

Blattoberseiten aufgewölbt mit hellen Flecken, blattunterseits weiße, wachsartige Sporenlager, sie sind kreisförmig angeordnet und färben sich zur Sporenreife zimtfarben [2].

Nicht zu dicht pflanzen. Befallene Blätter sowie die unteren Blätter der Pflanzen sofort entfernen, damit die Luftzirkulation im Pflanzenbestand verbessert wird. Etwaig erforderliche Pflanzenschutzmaßnahmen aufgrund zahlreicher Resistenzen direkt mit dem Pflanzenschutzdienst absprechen.

Spinnmilben (*Tetranychus urticae*)

Auf Blättern weißgelbe Sprenkel, später flächige Aufhellungen und Vertrocknen der Blätter. Die 0,2 – 0,5 mm großen Milben leben blattunterseits im Schutz zarter Gespinste [3].

Hohe Temperaturen und trockene Luft fördern den Befall. Zur Bekämpfung siehe Seite 226.

Blattadernminierfliege (*Liriomyza huidobrensis*)

An den Blättern zunächst viele kleine gelbe Einstichstellen, später helle Miniergänge in den Blättern [4]. Die dunkel-

4

5

6

7

braunen Puppen der Fliege liegen auf den Blättern und fallen in den Boden [5].

☂ Jungpflanzen beim Kauf sorgfältig auf Befall kontrollieren. Befallene Blätter rechtzeitig entfernen, ehe sich Puppen entwickeln. In geschlossenen Kulturräumen ist eine sehr effektive Bekämpfung mit Schlupfwespen (*Dacnusa, Diglyphus*) möglich.

Blattläuse (Aphididae)

⚲ Blätter kräuseln und vergilben, bei starkem Befall klebriger Honigtau auf den Blättern [6].

☂ Einzelkolonien der Läuse abschneiden und entfernen, biologische Pflanzenschutzmaßnahmen ergreifen, siehe Seite 224. Chemische Bekämpfung ebenfalls siehe Seite 224.

Blattwanzen (*Lygus* spp.)

⚲ Auf den Blättern anfangs gelbe, später braune Flecken, die beim weiteren Wachstum des Blattes aufreißen. [7] Je nach Befallszeitpunkt ist das Blattgewebe durchlöchert.

☂ Eine Bekämpfung ist nur bei starkem Befall in Beständen oder bei hohem Befallsdruck aus Wiesen erforderlich. Sie kann mit Kaliseife (Neudosan) oder mit Präparaten, die Pyrethrum- bzw. Piperonylbutoxid enthalten, vorgenommen werden, und zwar morgens, solange die Tiere aufgrund niedriger Temperaturen noch flugunfähig sind.

Chrysanthemengallmücke (*Diarthronomynia chrysanthemi*)

⚲ Triebe und Blütenstände verkrüppeln bei starkem Befall. Auf Blättern und teils

1

2

3

4

auch auf Stielen 2 – 3 mm lange, rundlich ovale, behaarte Gallen [1]. In den Gallen orangefarbene Larven.

☂ Befallene Pflanzenteile entfernen.

Kalifornischer Thrips (*Frankliniella occidentalis*)

🔍 Junge Blätter deformiert, Vegetationskegel verkrüppelt [2]. Blüten mit Stippen, Blütenränder verbräunt [3]. In den Blüten, besonders in den Staubgefäßen starke Vermehrung der Thripse.

☂ Befallene Pflanzenteile beseitigen. Bestände mit Blautafeln auf Befall kontrollieren. Die Kontrolle ist bei Jungpflanzen besonders wichtig, da wenige Tiere zu Verkrüppelungen führen. Zur Tilgung eines Befalls ist der frühe, wiederholte Einsatz von Insektiziden erforderlich, siehe Seite 226.

Blattälchen (*Aphelenchoides* spp.)

🔍 An Blättern von unten nach oben fortschreitend gelbe, später braune, eckige Flecken, von den Adern scharf begrenzt [4]. Die Nematoden leben im Blattgewebe, sie können sich bei häufiger Blattbenetzung auf dem Blatt und an der Pflanze rasch verbreiten.

☂ Befallene Pflanzenteile entfernen und die Kulturführung trockener gestalten. Eine Blattbenetzung ist zu vermeiden. Keine Pflanzenteile von kranken Pflanzen für Vermehrungen verwenden.

Weitere Krankheiten und Schädlinge:
Zwergfüßler siehe Seite 21

Dahlia, Dahlie

Für die Kultur sind durchlässige, nährstoffreiche Böden in voller Sonne erforderlich.
Die Knollen sind im Herbst bei trockenem Wetter zu roden, vorsichtig von Erd- und Pflanzenresten zu säubern und gut abgetrocknet zu lagern. Kranke Knollen entfernen und Verletzungen gesunder Knollen unbedingt vermeiden. Ist der Lagerraum zu trocken, so ist ein Einschlag der Knollen in Torf zu empfehlen. Die Lagertemperatur sollte 5 – 10 °C betragen.

Virosen

🔍 An Dahlien kommen mehrere Virosen vor, die Blattaufhellungen, Vergilbungen von Blattadern und Blättern sowie gestauchten Wuchs zur Folge haben [5].
☂ Kranke Pflanzen entfernen. Die Übertragung der Krankheit erfolgt häufig durch Werkzeuge bei Kulturarbeiten und beim Blütenschnitt, durch Blattläuse und Thripse. Siehe Seite 221.

Bakterielle Welke- und Stengelfäule

(*Erwinia chrysanthemi*)
🔍 Einzelne Pflanzen oder Triebe welken, der Stengel ist schwarz verfärbt, er läßt sich leicht zusammendrücken und reißt oftmals in Längsrichtung auf. Die Leitungsbahnen sind braun verfärbt. Die Knollen sind naßfaul und übel riechend.
☂ Kranke Pflanzen umgehend beseitigen. Knollen im Herbst streng selektieren. Keine Tauchbehandlungen der Knollen vornehmen. Knollen möglichst trocken überwintern.

5

6

Sclerotinia-Stengelfäule (*Sclerotinia sclerotiorum*)
🔍 Einzelne Pflanzen oder Triebe welken und verdorren, an den Stengeln braune Flecken [6], im Stengel weißes, watteartiges Myzel, darin oft schwarze Dauerkörper (Sclerotien). Vergleiche Bild [6], Seite 81.
☂ Befallene Pflanzenteile rasch entfernen. Bei Beständen die übrigen Pflanzen mit Rovral behandeln.

Entyloma-Blattflecken (*Entyloma dahliae*)

🔍 An unteren Blättern unregelmäßige, undeutliche gelb-grüne Flecken, später werden sie graubraun mit dunkelbraunem Rand [2].

☂ Befallene Blätter entfernen. Blattreste im Herbst sorgfältig von den Knollen abnehmen. Anbaufläche wechseln und für eine gute Belüftung der Pflanzen sorgen. Pompon-Dahlien werden nicht so stark befallen.

Blattwanzen (*Lygus* spp.)

🔍 Auf den Blättern anfangs gelbe, später braune Flecken, die beim weiteren Wachstum des Blattes aufreißen. Je nach Befallszeitpunkt ist das Blattgewebe durchlöchert. [1]

☂ Eine Bekämpfung ist nur bei starkem Befall in Beständen oder bei hohem Befallsdruck aus Wiesen erforderlich. Sie kann mit Kaliseife (Neudosan) oder Präparaten, die Pyrethrum bzw. Piperonylbutoxid enthalten, vorgenommen werden, und zwar morgens, solange die Tiere aufgrund niedriger Temperaturen noch flugunfähig sind.

Weitere Krankheiten und Schädlinge:

Botrytis-Grauschimmel siehe Seite 96
Rhizoctonia-Stengelgrundfäule siehe Seite 36
Thripse und Blattläuse siehe Seite 85, 86
Wurzelälchen siehe Seite 101

Delphinium, Rittersporn

Der Rittersporn bevorzugt humose, nährstoffreiche Böden in voller Sonne.
Ein Rückschnitt direkt nach der Blüte fördert die Nachblüte im Herbst.

Bakterielle Blattfleckenkrankheit (*Pseudomonas delphinii*)

🔍 Unregelmäßige schwarze, oft von Blattadern begrenzte, sich rasch ver-

2

größernde Flecken auf Blättern und Stengeln [3]. Befallene Blütenstände vertrocknen. Oft erst im Spätsommer oder im Herbst auftretend. Bei feucht warmer Witterung können noch starke Schäden entstehen.
☂ Kranke Pflanzenteile rasch entfernen.

Echter Mehltau (*Erysiphe polygoni*)
🔍 Auf den Blattober- und Blattunterseiten sowie auch an den Blattstielen entsteht ein mehlig weißer Belag [4]. Auch die Blüten werden befallen. Unter dem Belag ist das Gewebe braun verfärbt.
☂ Zur chemischen Bekämpfung siehe Seite 222.

3

4

Phyllosticta-Blattflecken (*Phyllosticta ajacis*)
🔍 Auf den Blättern runde schwarze Flecken.
Bei hoher Luftfeuchtigkeit kann es zu einer rascheren Ausbreitung der pilzlichen Erkrankung kommen.
☂ Befallene Pflanzenteile möglichst entfernen. Für ein rasches Abtrocknen der Blätter und möglichst niedrige Luftfeuchte sorgen. Pflanzen im Herbst gut ausreifen lassen. Chemische Bekämpfung siehe Seite 222.

Weitere Krankheiten und Schädlinge:
Blattläuse siehe Seite 85
Eulenraupen siehe Seite 114

Dianthus, Nelke

Die meisten Nelken benötigen einen kalkhaltigen, sandig-lehmigen und durchlässigen Boden an einem Standort in der Sonne. Auf Staunässe reagieren die Pflanzen sehr empfindlich. Der Standort ist, um Krankheiten vorzubeugen,

1

2

bei Nachpflanzungen möglichst zu wechseln. Es darf nicht zu tief gepflanzt werden.

Virosen

⚲ An *Dianthus* kommen mehrere Virosen vor, die Blattaufhellungen, Vergilbungen von Blattadern und Blättern, Blütenfarbbrechungen sowie gestauchten Wuchs zur Folge haben [1].

☂ Kranke Pflanzen entfernen. Die Übertragung der Krankheit erfolgt häufig durch Werkzeuge bei Kulturarbeiten und beim Blütenschnitt, durch Blattläuse und Thripse. Siehe Seite 226.

Bakterielle Welke (*Pseudomonas caryophylli*)

⚲ Die Wüchsigkeit befallener Pflanzen läßt nach, Triebspitzen werden stumpfgrau und welken. Oberste Blätter schrumpeln [2], das Wurzelwerk zerfällt. Leitungsbahnen im Stengel sind wäßrigbraun verfärbt.

☂ Kranke Pflanzen entfernen. Siehe Seite 221.

Phialophora-Welke- und Vergilbungskrankheit (*Phialophora cinerescens*)

⚲ Nesterweises Welken und Vergilben der Pflanzen, an der Pflanze von unten nach oben fortschreitend [3]. Blätter teilweise auch rötlich verfärbt. Die Wurzeln sind zunächst noch gesund. Im Stengelquerschnitt entstehen punkt- oder ringförmige Verbräunungen.

☂ Kranke Pflanzen entfernen, keine Nelken nachpflanzen.

Fusarium-Welkekrankheit (*Fusarium oxysporum* f. sp. *dianthi*)

⚲ Die Blätter welken und vergilben zunächst einseitig, später bricht die Pflanze unter strohartiger Verfärbung zusammen [4]. Die Leitungsbahnen sind im unteren vertrockneten Stengelbereich braun verfärbt, im Querschnitt deutlich erkennbar. Die Stengel sind hohl und im Inneren pulvertrocken. Auf den Stengeln entstehen rötliche Sporenlager.

☂ Der Pilz entwickelt sich bei hohen Temperaturen und niedrigen pH-Werten besonders gut. Diese Kulturbedingungen sind zu vermeiden. Während der Kultur sind die Hygienemaßnahmen einzuhalten, siehe Seite 7f.

Fusarium-Stengelfäule (*Fusarium roseum*)

🔍 An Blattachseln, am Wurzelhals von außen oder an Schnittstellen lokale,

5

3

4

graubraune Faulstellen [5]. Der Pilz dringt nicht über die Wurzeln, sondern über Schwach- bzw. Schadstellen ein, die eine längere Zeit feucht sind.

☂ Befallene Pflanzenteile abschneiden. Für ein rasches Abtrocknen der Pflanzen sorgen.

Stengelgrundfäule (*Rhizoctonia solani*)

🔍 Bei Jungpflanzen zunächst einseitig braune, eingesunkene Faulstellen. Weiß-

1

2

3

4

lich, glänzende lange Pilzfäden bei hoher Luftfeuchte auf dem Substrat, besonders unter aufliegenden Blättern. [1]
Gefährdete Kulturen mit Rovral abspritzen oder überbrausen.

Sclerotinia-Stengelfäule (*Sclerotinia sclerotiorum*)
Einzelne Triebe oder Pflanzen welken, an den Stengeln braune Flecken, im Stengel weißes, watteartiges Myzel, darin oft schwarze Dauerkörper (Sclerotien) [2].
Befallene Pflanzen entfernen. Bei Beständen die übrigen Pflanzen mit Rovral behandeln.

Alternaria-Blattflecken (*Alternaria dianthi*)
Von den Adern begrenzte unregelmäßig verteilte aschgraue Flecken mit dunklem Rand, in der Mittelzone mit hellolivbraunem Sporenbelag [3]. Später gehen die Flecken ineinander über. Befallene Blätter, Blüten und Triebe sterben ab.
Kranke Pflanzenteile beseitigen, Luftfeuchte niedrig halten, Blätter nicht zu oft befeuchten. Zur chemischen Bekämpfung sind Rovral oder Baymat flüssig geeignet.

Nelkenschwärze (*Cladosporium echinulatum*)
Auf den Blättern runde, graubraune Flecken mit rotbraunem bis violettem Rand [4].
Kranke Pflanzenteile entfernen. Hellere Standorte wählen, an denen die Pflanzen schneller abtrocknen.

Rostkrankheit (*Uromyces dianthi, Puccinia arenariae*)

Auf den Blättern und an Stengeln eingesunkene helle Flecken, weißlich-gelbe, länglich braune Rostpusteln [5].
Die Pilzsporen werden durch die Luft verbreitet.

Untere kranke Blätter rechtzeitig entfernen. Zur chemischen Bekämpfung siehe Seite 222.

5

Spinnmilben (*Tetranychus urticae*)

Auf Blättern weißgelbe Sprenkel, später flächige Aufhellungen und Vertrocknen der Blätter. Die 0,2 – 0,5 mm großen Milben leben blattunterseits im Schutz zarter Gespinste. [6]

Befallene Pflanzenteile entfernen. Hohe Temperaturen und trockene Luft fördern den Befall. Zur Bekämpfung siehe Seite 226.

6

Minierfliege (*Liriomyza trifolii*)

An den Blättern zunächst viele kleine gelbe Einstichstellen, später helle Miniergänge in den Blättern [7]. Die hellbraunen Puppen der Fliege liegen auf den Blättern und fallen in den Boden.

Jungpflanzen beim Kauf sorgfältig auf Befall kontrollieren. Befallene Blätter rechtzeitig entfernen, ehe sich Puppen entwickeln. In geschlossenen Kulturräumen ist eine sehr effektive Bekämpfung mit Schlupfwespen (*Dacnusa, Diglyphus*) möglich.

7

Nelkenfliege (*Phorbia brunescens*)

Herzblätter der Triebe werden mattgrau und schlaff; sie vertrocknen und verfaulen [8]. Fraßgänge in den Trieben mit 5 – 8 mm langen weißen Larven.

8

1

Thripse (*Frankliniella occidentalis, Thrips tabaci*)

⚲ Junge Blätter deformiert, Vegetationskegel verkrüppelt. Blüten mit Stippen [1], Blütenränder verbräunt. In den Blüten, besonders in den Staubgefäßen starke Vermehrung der Thripse.

☂ Befallene Pflanzenteile beseitigen. Bestände mit Blautafeln auf Befall kontrollieren. Die Kontrolle ist bei Jungpflanzen besonders wichtig, da wenige Tiere zu Verkrüppelungen führen. Zur Tilgung eines Befalls ist der frühe, wiederholte Einsatz von Insektiziden erforderlich, siehe Seite 226.

2

Weitere Krankheiten und Schädlinge:
Echter Mehltau siehe Seite 126
Botrytis-Grauschimmel siehe Seite 96
Raupen siehe Seite 114

Erica, Glockenheide

Humose, saure Böden, die weder zur Vernässung noch zur Austrocknung neigen, sind ideale Standorte. Während des Sommers ist für ausreichende Feuchtigkeit zu sorgen. Im Winter müssen die Pflanzen gut abtrocknen können. Eriken sind salzempfindlich. Leichte Düngergaben können mit physiologisch sauren Düngern erfolgen.

Sonnenbrand

⚲ Blüten sind einseitig verbräunt [2]. Derartige Schäden treten oftmals bei starker Sonneneinstrahlung nach Feuchteperioden oder nach dem Besprühen voll blühender Pflanzen bei starker Einstrahlung auf.

Wurzelknöllchen (*Agrobacterium tumefaciens*)

⚲ Pflanzen bleiben im Wuchs zurück, Triebe sind gelblich verfärbt. An den Wurzeln knöllchenartige Anschwellungen [3], bei Töpfen besonders im Bereich des Wasserabzugsloches.

☂ Wurzelballen der Pflanzen beim Pikieren oder Pflanzen nicht zu lange ungeschützt außerhalb des Bodens liegen lassen. Kranke Pflanzen sorgfältig aussortieren.

Erikensterben (*Phytophthora cinnamomi*)

Anfangs welken einzelne Triebspitzen, später die ganze Pflanze, sie wird stumpfgrau, vertrocknet und verbräunt. Die Wurzeln faulen von der Wurzelspitze ausgehend, der Wurzelballen ist verbräunt, während der Wurzelhals zu Beginn der Krankheit noch keine Verbräunung aufweist [4].

Kranke Pflanzen und anhaftende Erde großzügig beseitigen. Keine für Phytophthora anfälligen Pflanzen nachpflanzen. Für guten Wasserabzug des Bodens sorgen. In Beständen bei beginnendem Befall mit Fonganil Neu (nur in Großpackungen erhältlich) gießen.

Stammgrundfäule (*Cylindrocladium scoparium*)

Einzelne Triebe welken, werden braun und sterben ab. Die Pflanze welkt und verbräunt oft einseitig vom Stammgrund ausgehend [5]. Die Wurzeln sind anfangs noch weiß, während der Wurzelhals verbräunt ist. Vergleiche auch Phytophthora-Erikensterben.

Strenge Hygiene während der Pflanzenvermehrung einhalten, keine infizierten Kultureinrichtungen ohne Desinfektion wiederverwenden. In Beständen bei beginnendem Befall mit Sportak (Nur in Großpackungen erhältlich. Verträglichkeit prüfen!) behandeln.

Glomerella-Triebsterben (*Glomerella cingulata*)

Triebe sterben nach dem Stutzen von der Stutzstelle her ab. Bei Callunen können auch gesunde Triebspitzen befallen werden und verbräunen [6].

3

4

5

6

☂ Nach dem Stutzen für rasches Abtrocknen der Pflanzen sorgen. Befallene Pflanzenteile sofort entfernen. Bei gefährdeten Pflanzenbeständen nach dem Stutzen mit Euparen behandeln.

Grauschimmel (*Botrytis cinerea*)
🔍 Das Gewebe wird wäßrig und weichfaul, bei hoher Luftfeuchte entsteht ein grauer Sporenrasen [1]. Besonders im Herbst und im Frühjahr, wenn nach Frostperioden feuchtwarme Witterung einsetzt.
☂ Abgefallene Blätter und abgestorbenes Pflanzengewebe aus dem Bestand entfernen. Pflanzen nach der Blüte regelmäßig zurückschneiden. In den Wintermonaten in Kulturräumen trocken kultivieren, Luftfeuchte herabsetzen, Taupunkttemperatur in der Nacht nicht unterschreiten. Zur chemischen Bekämpfung siehe Seite 223.

Echter Mehltau (*Oidium ericinum*)
🔍 Untere Blättchen verfärben sich rötlich, auf den Blättern sowie an Stielen entsteht ein mehlig weißer Belag [2]. Auch die Blüten werden befallen. Unter dem Belag ist das Gewebe braun verfärbt.
Der Pilz überwintert in den Pflanzenbeständen und sollte daher bei Vorjahresbefall bereits im April vor einer weiteren Ausbreitung der Krankheit bekämpft werden.
☂ Zur chemischen Bekämpfung siehe Seite 222.

Weitere Krankheiten und Schädlinge:
Blattläuse und Thripse siehe Seite 85, 86
Dickmaulrüßler und Weichhautmilben siehe Seite 121

Fuchsia, Fuchsie

Fuchsien benötigen einen luftigen, halbschattigen Standort, an dem sie nach dem Regen rasch abtrocknen. Die Pflanzen sind laufend zu putzen und von schwachen Trieben, vertrockneten Blüten und gelben Blättern zu befreien. Das durchlässige, humose Substrat sollte einen pH-Wert von 6 – 7 aufweisen und nicht zu stark gedüngt werden.

Pythium-Wurzelfäule

🔍 Die Blätter werden fahlgrün und stumpf. Sie welken und vergilben. Die Wurzel ist weichfaul [3]. Die Wurzelrinde läßt sich vom Zentralzylinder abziehen, so daß Wurzelbärte verbleiben.
Die begeißelten Sporen des Pilzes benötigen zur Ausbreitung eine hohe Bodenfeuchte. Sauerstoffmangel im Boden begünstigt den Befall.

☂ Möglichst trocken kultivieren, seltener, aber durchdringend gießen. Substrate mit grober Struktur verwenden.

Grauschimmel (*Botrytis cinerea*)

🔍 Das Gewebe wird wäßrig und weichfaul, bei hoher Luftfeuchte entsteht ein grauer Sporenrasen. [4] Besonders im Herbst und im Frühjahr, wenn nach Frostperioden feuchtwarme Witterung einsetzt.

☂ Alte Blätter und abgestorbenes Pflanzengewebe entfernen. In den Wintermonaten trocken kultivieren, Überwinterungsräume an hellen Tagen gut lüften. Luftfeuchte herabsetzen, Taupunkttemperatur in der Nacht nicht unterschreiten. Zur chemischen Bekämpfung siehe Seite 223.

3

4

Rostkrankheit (*Pucciniastrum epilobii*)

🔍 Blattunterseits zitronengelbe Rostpusteln, die in einem Belag eng zusammen

1

stehen [1]. Die Blätter werden von unten her gelb und fallen ab. Die Pilzsporen werden durch die Luft verbreitet.

Kranke Blätter rechtzeitig entfernen. Temperaturschwankungen gering halten. Chemischen Bekämpfung siehe Seite 222.

Weiße Fliege (*Trialeurodes vaporariorum*)

Auf den Blattunterseiten etwa 2 mm große Mottenschildläuse mit weißen Flügeln und ungeflügelte hellgelbe Larvenstadien [2]. Bei stärkerem Befall vergilben die Blätter. Es entsteht ein klebriger Honigtaubelag.

Siehe Seite 226.

Blattälchen (*Aphelenchoides fragariae, A. ritzemabosi*)

Zunächst gelbe, später braune, eckige Blattflecken, von den Blattadern scharf begrenzt [3]. Starker Blattfall.
Die Nematoden leben im Blattgewebe, sie können sich bei häufiger Blattbenetzung auf dem Blatt und an der Pflanze rasch verbreiten.

Befallene Pflanzenteile entfernen und

2

3

die Kulturführung trockener gestalten. Häufige Blattbenetzung ist zu vermeiden. Keine Pflanzenteile von kranken Pflanzen für Vermehrungen verwenden.

Weitere Krankheiten und Schädlinge:
Raupen siehe siehe Seite 114
Spinnmilben siehe Seite 62

Helianthus, Sonnenblume

Die Pflanzen benötigen einen nicht zu flachgründigen Boden in sonniger Lage. Der pH-Wert sollte zwischen 6,5 und 7,2 liegen. Im Sommer ist für eine gute Bewässerung der Pflanzen zu sorgen. Im Winter sind die Pflanzen durch eine Torf- oder Kompostschicht vor starkem Frost zu schützen, nicht alle Arten sind ausreichend frosthart.

Sclerotinia-Stengelfäule (*Sclerotinia sclerotiorum*)
Pflanzen welken, an den Stengeln braune Flecken, im Stengel weißes, watteartiges Myzel, darin oft schwarze Dauerkörper (Sclerotien) 4.
Befallene Pflanzen entfernen. Bei Beständen die übrigen Pflanzen mit Rovral behandeln.

Alternaria-Blattflecken (*Alternaria helianthi*)
Unregelmäßig verteilte, aschgraue Flecken mit dunklem Rand, in der Mittelzone mit hellolivbraunem Sporenbelag. Später gehen die Flecken ineinander über. Auf den Stielen schwarze Flecken 5. Befallene Blätter, Blüten und Triebe sterben ab.

☂ Kranke Pflanzenteile beseitigen, Luftfeuchte niedrig halten, Blätter nicht zu oft befeuchten. Zur chemischen Bekämpfung sind Rovral oder Baymat flüssig geeignet.

Falscher Mehltau (*Plasmopara halstedii*)

🔍 Blattoberseits bleiche Stellen, blattunterseits ein schmutzig weißer Sporenbelag [1].

☂ In Kulturräumen Luftfeuchte kontrollieren, nachts die Taupunkttemperatur nicht unterschreiten, häufiges Befeuchten der Blätter vermeiden. Bei ausgepflanzten Beständen für gute Belüftung der Pflanzen sorgen.

Kranke Pflanzenteile möglichst entfernen. In Beständen bei beginnendem Befall wiederholt mit Fonganil Neu oder Previcur N (nur in Großpackungen erhältlich) spritzen. Die Zulassung sieht Spritzbehandlungen nicht vor, Probespritzungen vornehmen!

Weitere Krankheiten und Schädlinge:

Echter Mehltau siehe Seite 126
Welkekrankheiten siehe Seite 80–82
Blattwanzen siehe Seite 85

Helleborus, Christrose, Lenzrose

Helleborus stellen hohe Standortansprüche. Der Boden sollte tiefgründig, sehr durchlässig, mittelschwer, humusreich und salzarm sein. Zu Staunässe neigende wie auch Sandböden sind ungeeignet. Der pH-Wert sollte zwischen pH 6,5 und 7,2 liegen.

Ringfleckenkrankheit (Viren)

🔍 Auf den Blättern charakteristische gelbe Flecken und Ringe [2].

☂ Kranke Pflanzen entfernen. Zur Bekämpfung von Virosen siehe Seite 221.

Falscher Mehltau (*Peronospora pulveracae*)

🔍 Austreibende Blätter bleiben klein und verkrüppeln, blattoberseits braune Stellen, blattunterseits ein schmutzig weißer Sporenbelag [3].

☂ Nur gesunde Pflanzen vermehren. Häufiges Befeuchten der Blätter vermeiden. Bei ausgepflanzten Beständen für gute Belüftung der Pflanzen sorgen.

Kranke Pflanzenteile entfernen. In Beständen bei beginnendem Befall wiederholt mit Fonganil Neu oder Previcur N (nur in Großpackungen erhältlich) spritzen. Die Zulassung sieht Spritzbehandlungen nicht vor, Probespritzungen vornehmen!

Schwarzfleckenkrankheit
(*Coniothyrium hellebori*)
Oft vom Blattrand ausgehende, unregelmäßige, braun-schwarze Flecken mit schwacher ringförmiger Zonenbildung. [4]
Befallene Blätter entfernen, pH-Wert prüfen, mäßig mit Stickstoff düngen. Befallene Bestände wiederholt mit Kupferpräparaten behandeln. Als besonders geeignet hat sich Kupferhydroxyd erwiesen.

Wurzelälchen (*Pratylenchus* sp.)
Wachstum der Pflanzen verkümmert, der Austrieb ist schwach.
Kranke Pflanzen mit anhaftender Erde sorgfältig entfernen. Boden auf Wurzelnematoden untersuchen lassen. Keine anfälligen Pflanzen nachpflanzen.
Eine gewisse Bekämpfung ist durch Anpflanzung von *Tagetes* möglich.

Stengelälchen (*Ditylenchus dipsaci*)
Blätter verhärten und verkrüppeln, Fiederblätter sind unregelmäßig ausgebildet und teilweise vergilbt [5]. Die Nematoden leben im Blattgewebe, sie können sich bei häufiger Blattbenetzung auf dem Blatt und an der Pflanze rasch verbreiten.
Befallene Pflanzenteile entfernen und die Kulturführung trockener gestalten. Eine Blattbenetzung ist zu vermeiden. Keine Pflanzenteile von kranken Pflanzen für Vermehrungen verwenden.

2

3

4

5

Schnecken

Schabe- und Fensterfraß, es entstehen Löcher im Blatt [1].

Feuchtigkeit im Bestand verringern, bei Einzelpflanzen Schnecken absammeln (möglichst nachts). Je nach Befallsstärke können Schneckenkorn, Schneckenband oder Schneckenstaub eingesetzt werden.

Weitere Krankheiten und Schädlinge:
Blattläuse siehe Seite 85

Impatiens, Fleißiges Lieschen, Edel-Lieschen

Die Pflanzen benötigen durchlässige humose Substrate mit einem pH-Wert zwischen 5,5 und 6,5. Der Salzgehalt sollte 1,5 g/l Substrat nicht übersteigen. Bei Ballentrockenheit kann es zum Eintrocknen der Blattränder oder zum Abfallen der Blüten kommen. Halbschattige Standorte mit erhöhter Luftfeuchte sind für das Wachstum und die Blüte der *Impatiens* im Sommer optimal.

Gurkenmosaik-Virus (cucumber mosaik virus)

Der Wuchs der Pflanzen ist gedrungen, das Blattgewebe gewellt, teilweise unregelmäßig vergilbt mit einzelnen Läsionen [2].

Kranke Pflanzen entfernen. Das Virus wird durch Blattläuse übertragen. Siehe Seite 221.

Tomatenbronzeflecken-Virus (tomato spotted wilt virus)

Das Virus führt zu Wuchshemmungen und Blattmißbildungen. Das Blattgewebe ist unregelmäßig aufgehellt, mit kleinen

Läsionen, die Blattfläche ist teilweise verhärtet und verkrüppelt [3].
☂ Kranke Pflanzen entfernen, Bestände in Kulturräumen mit Blautafeln überwachen. Das Virus wird durch den Thrips *Frankliniella occidentalis* verbreitet. Siehe Seite 221.

Stauchewuchs (turnip mosaik virus)
🔎 Sehr stark gehemmter Wuchs mit Blattwellungen und Blattvergilbungen [4].

Spinnmilben (*Tetranychus urticae*)
🔎 Auf Blättern weißgelbe Sprenkel, später flächige Aufhellungen und Vertrocknen der Blätter [5]. Die 0,2 – 0,5 mm großen Milben leben blattunterseits im Schutz zarter Gespinste.
☂ Befallene Pflanzenteile entfernen. Hohe Temperaturen und trockene Luft fördern den Befall. Zur Bekämpfung siehe Seite 226.

Weichhautmilben (Tarsonemidae)
🔎 Das Blattgewebe verhärtet und verkrüppelt, die Blätter bleiben kleiner, die Blattränder sind oftmals gebogen [6]. Die Entwicklung der 0,3 mm großen, glasig weißen Milben ist unter feuchtwarmen Bedingungen begünstigt.
☂ Mutterpflanzen sind ständig auf Befall zu kontrollieren. Zur chemischen Bekämpfung siehe Seite 226.

Kalifornischer Thrips (*Frankliniella occidentalis*)
🔎 Junge Blätter deformiert, Vegetationskegel verkrüppelt [7]. Blüten mit Stippen, Blütenränder verbräunt. In den Blüten, besonders in den Staubgefäßen starke Vermehrung der Thripse. Vorsicht! Der

4

5

6

7

Thrips überträgt das Tomatenbronzeflecken-Virus.

☂ Befallene Pflanzenteile beseitigen. Bestände mit Blautafeln auf Befall kontrollieren. Die Kontrolle ist bei Jungpflanzen besonders wichtig, da wenige Tiere zu Verkrüppelungen führen. Zur Tilgung eines Befalls ist der wiederholte Einsatz von Insektiziden erforderlich, siehe Seite 226

Weitere Krankheiten und Schädlinge:

Rhizoctonia-Stengelgrundfäule siehe Seite 36
Blattläuse siehe Seite 82
Verticillium-Welke siehe Seite 85
Weiße Fliege siehe Seite 98

Limonium, Stratize, Strandflieder

Die Pfahlwurzel der *Limonium*-Pflanze benötigt einen tiefgründigen, humosen, sandig-lehmigen Boden mit einer Reaktion zwischen pH 6,4 und 7,2. Sauerstoffarme, zu Staunässe neigende Böden führen leicht zu Erkrankungen der Pflanzen. Windoffene Lagen fördern das Abtrocknen der Pflanzen nach Niederschlägen, sie sind günstig.

1

Fusarium-Welke (*Fusarium oxysporum*)

🔍 Der Pflanzenwuchs ist schwach. Die Blätter sind von der Spitze rot verfärbt, sie vertrocknen und verfaulen. Die Strengel sind stellenweise schwarz, trocknen ebenfalls ein und faulen ab. Die Blütenstände vertrocknen, die Gefäßbündel des Wurzelstockes sind braun verfärbt.

☂ Zur Bekämpfung des Pilzes stehen keine ausreichend wirksamen Pflanzenschutzmittel zur Verfügung. Der Hygiene, insbesondere der Verwendung sauberer Kulturgefäße und krankheitsfreier Erden kommt daher besondere Bedeutung zu. Siehe Seite 7f.

Grauschimmel (*Botrytis cinerea*)

🔍 Blütenstände verbräunen, schrumpfen ein und knicken ab [1].

☂ Alte Blätter und abgestorbenes Pflanzengewebe aus dem Bestand entfernen. In den Wintermonaten in Kulturräumen trocken kultivieren, Luftfeuchte herabsetzen, Taupunkttemperatur in der Nacht nicht unterschreiten. Zur chemischen Bekämpfung siehe Seite 223.

Phyllosticta-Blattflecken

🔍 Auf den Blättern entstehen braune, unregelmäßige Flecken, von gelbem Rand umgeben.

Bei hoher Luftfeuchtigkeit und anderweitigen Schädigungen des Blattes kommt es

zu einer rascheren Ausbreitung der pilzlichen Erkrankung.
☂ Befallene Pflanzenteile möglichst entfernen. Für ein rasches Abtrocknen der Blätter und möglichst niedrige Luftfeuchte sorgen. Pflanzen im Herbst gut ausreifen lassen. Chemische Bekämpfung siehe Seite 222.

Rostkrankheit (*Uromyces limonii*)
🔍 Auf den Blättern im Frühjahr purpurumrandete Flecken, im Sommer blattunter- und blattoberseits braune, später schwarze Rostpusteln [2].
Die Pilzsporen werden durch die Luft verbreitet.
☂ Kranke Blätter rechtzeitig entfernen. Zur chemischen Bekämpfung siehe Seite 222.

Blattälchen (*Aphelenchoides fragariae*)
🔍 Zunächst gelbe, später braune, eckige Blattflecken, von den Blattadern scharf begrenzt [3].
Die Nematoden leben im Blattgewebe, sie können sich bei häufiger Blattbenetzung auf dem Blatt und an der Pflanze rasch verbreiten.

☂ Befallene Pflanzenteile entfernen und die Kulturführung trockener gestalten. Eine Blattbenetzung ist zu vermeiden. Keine Pflanzenteile von kranken Pflanzen für Vermehrungen verwenden.

Weitere Krankheiten und Schädlinge:
Mosaikvirus siehe Seite 35
Echter Mehltau siehe Seite 126
Spinnmilben siehe Seite 62
Thripse siehe Seite 86

Lobelia, Lobelie, Männertreu

Die Aussaat muß bis spätestens Mitte Januar in ein humoses Substrat erfolgen. Vorsicht, die Pflanzen sind frostempfindlich. Die Jungpflanzen werden einmal entspitzt, damit sie sich mehrtriebig aufbauen. Als Standort sind humose, mittelschwere, durchlässige Böden mit einem pH-Wert von 6,5 – 7 zu wählen.

Tomatenbronzeflecken-Virus (tomato spotted wilt virus)

Das Virus führt zu Wuchshemmungen und Blattmißbildungen. Das Blattgewebe ist unregelmäßig aufgehellt, mit kleinen Läsionen, die Blattfläche ist teilweise verhärtet und verkrüppelt 1.

Kranke Pflanzen entfernen, Bestände in Kulturräumen mit Blautafeln überwachen. Das Virus wird durch den Thrips *Frankliniella occidentalis* verbreitet. Siehe Seite 221.

Blatt- und Stengelbakteriose (*Xanthomonas campestris*)

Die Blätter von *Lobelia erinus* 'Richardii' verfärben sich von den Blattadern oder vom Blattrand ausgehend gelb bis rötlich. Die Triebe weisen eingesunkene Flecken auf, die sich später gelblich-weiß verfärben 2. Befallene Pflanzen brechen zusammen.

Befallene Pflanzen sofort entfernen. Von einzelnen Pflanzen kann die Infektion ganzer Bestände ausgehen. Zur Bekämpfung siehe Seite 221.

Myosotis, Vergißmeinnicht

Das durchlässige und humose Substrat sollte einen pH-Wert von 5 – 6 aufweisen. Die Pflanzen dürfen nicht zu eng stehen, da Lichtmangel der unteren Blätter zum Vergilben und Abstoßen der Blätter führt. Enger Stand erhöht darüber hinaus die Luftfeuchte und begünstigt die Entwicklung von Pilzkrankheiten.

Falscher Mehltau (*Peronospora myosotidis*)

Blattoberseits bleiche Stellen, blattunterseits ein schmutzig weißer Sporenbelag 3.

In Kulturräumen Luftfeuchte kontrollieren, nachts die Taupunkttemperatur nicht unterschreiten, häufiges Befeuchten der Blätter vermeiden. Bei ausgepflanz-

ten Beständen für gute Belüftung der Pflanzen sorgen.
Kranke Pflanzenteile möglichst entfernen. In Beständen bei beginnendem Befall wiederholt mit Fonganil Neu oder Previcur N (nur in Großpackungen erhältlich) spritzen. Die Zulassung sieht Spritzbehandlungen nicht vor, Probespritzungen vornehmen!

Echter Mehltau (*Erysiphe cichoracearum*)
🔎 Auf den Blattober- und Blattunterseiten sowie auch an den Blattstielen entsteht ein mehlig weißer Belag [4]. Auch die Blüten werden befallen. Unter dem Belag ist das Gewebe braun verfärbt.
☂ Zur chemischen Bekämpfung siehe Seite 222.

Weitere Krankheiten und Schädlinge:
Botrytis-Grauschimmel siehe Seite 223

Paeonia, Pfingstrose

Lehmig-humoser, tiefgründiger Boden ist für die Kultur geeignet. Er sollte einen pH-Wert von 6 – 7,5 aufweisen. Teilstücke nicht zu tief pflanzen und nicht mit Mist oder Torf-Mulch abdecken. Die Triebknospen dürfen nur 3 – 5 cm mit Erde bedeckt sein, sonst bilden sie später nur schwache, nichtblühende Nebentriebe.

Ringfleckenkrankheit (peony ring spot virus)
🔎 Helle Ringe, Linienmuster und Flecken auf den Blättern [5]. Die Blütenbildung ist beeinträchtigt, die Blüten bleiben kleiner.

3

4

5

☂ Kranke Pflanzen entfernen. Nur absolut gesunde Pflanzen vermehren. Siehe Seite 221.

Botrytis-Stengel-, Blatt- und Knospenerkrankung (*Botrytis paeoniae*)

🔍 Einzelne Sprosse welken nach dem Austrieb und fallen um [1]. Der Stengel ist dicht unter der Erdoberfläche verfault. Bei feuchter Witterung kann der Pilz auch ältere Stengel und Blütenknospen befallen und unter Braunfärbung zum Absterben bringen [2].

☂ Abgestorbene Pflanzenteile entfernen. Standorte auswählen, die besonders im Frühjahr rasch abtrocknen. Nur mäßig Stickstoff düngen. Besonders bei Frost während des Austriebes ist eine Spritzbehandlung mit Euparen zu empfehlen, damit die jungen Pflanzenteile geschützt sind.

Cladosporium-Blattflecken
(*Cladosporium paeoniae*)

🔍 An Blatträndern und Blattspitzen große hellbraune bis blauviolette Flecken. Auf den Flecken bildet sich blattunterseits ein bräunlicher Sporenbelag [3].

☂ Zur Bekämpfung sind die unter *Septoria*-Blattfleckenkrankheit genannten Maßnahmen zu beachten.

Rostkrankheit (*Cronartium paeoniae*)

🔍 Auf den Blättern länglich braune, violett umrandete Flecken, blattunterseits hellbraune Pusteln [4], im Spätsommer dunkelbraune säulenförmige Sporenlager. Die Pilzsporen werden durch die Luft verbreitet. Der Pilz überwintert an Kiefern als Rindenblasenrost.

Untere kranke Blätter rechtzeitig entfernen. Zur chemischen Bekämpfung siehe Seite 222.

Septoria-Blattfleckenkrankheit
(*Septoria paeoniae*)
Auf den Blättern dunkelgrau-schwarze, scharf begrenzte runde Flecken mit purpurfarbenem Rand. Die Flecken trocknen ein und hellen auf. Auf den Flecken sind die schwarzen Fruchtkörper deutlich zu erkennen.
Befallene Blätter entfernen, besonders großlaubige Sorten nicht zu eng pflanzen. Die Pflanzen nicht zu üppig mit Stickstoff versorgen. Größere Bestände bei Befallsgefahr in Schlechtwetterperioden mit Saprol Neu oder Dithane Ultra behandeln.

Weitere Krankheiten und Schädlinge:
Welkekrankheiten siehe Seite 80–82
Blatt- und Wurzelälchen siehe Seite 101

4

5

Pelargonium, Pelargonie, Geranie

Die Pflanzen sollten in einem strukturstabilen Torf-Lehm-Gemisch mit einem pH-Wert von 5,5 – 6,5 kultiviert werden. Nur gesunde Pflanzen überwintern. Im Winter darf das Substrat nicht zu trocken werden. Die Luftfeuchte ist jedoch niedrig zu halten, damit der Grauschimmel (*Botrytis*) den jungen Austrieb nicht schädigt.

Korkwucherungen (nichtparasitär)
Auf der Blattunterseite entstehen bräunliche, korkartige Schwielen 5. Achtung! Eine Verwechselung mit Thrips-Befall ist möglich.
Hohe Luftfeuchte bei anhaltend feuchtem Wurzelballen. Starke Schwankungen von Luftfeuchte und Nährstoffversorgung wie auch Befall mit Thripsen, Spinn- oder Weichhautmilben können Ursachen der Korkwucherungen sein.

Virosen
An Pelargonien kommen mehrere Virosen vor, die Blattaufhellungen, Vergilbungen von Blattadern und Blättern, Blü-

Tomato spotted wilt virus [1], Ringfleckenvirus [3]

Pelargonium flower break virus [2]

tenfarbbrechungen sowie gestauchten Wuchs zur Folge haben können [1], [2], [3].
☂ Kranke Pflanzen entfernen. Vor dem Stecklingsschnitt und vor der Überwinterung befallsverdächtige Pflanzen aussortieren. Die Übertragung erfolgt in erster Linie bei der Stecklingsentnahme. Siehe Seite 221.

Bakterielle Welke, Stengelfäule und Blattfleckenkrankheit (*Xanthomonas campestris* pv. *pelargonii*)
🔍 An sonnigen Tagen welken einzelne Blätter, obwohl der Wurzelballen feucht ist. Später vergilben die Blätter und der Trieb stirbt unter Schwarzfärbung der Stengelbasis ab [4]. Ein zweites Symptom tritt seltener, besonders an älteren Pflanzen auf. Es führt zunächst zu hellen, ölig durchscheinenden, später rehbraunen Flecken im Blattgewebe.
☂ Kranke Pflanzen umgehend entfernen. Keine Stecklinge von kranken Pflanzen entnehmen. Siehe Seite 221.

Blättrige Gallen (*Rhodococcus fascians*)
🔍 Fleischig verdickte helle Gallen am Stengel [5], oftmals unter der Erdober-

fläche. Die Pflanzen werden nur wenig geschädigt.

☂ Gallen entfernen und von den befallenen Pflanzen keine Stecklinge schneiden. Kulturgefäße und Substrat für die Pelargonien-Kultur nicht wieder verwenden.

Pythium-Wurzel- und Stengelgrundfäule (*Pythium* sp.)

⚲ Stengelgrundfäule: Besonders bei Stecklingen oder Jungpflanzen verfärbt sich der Stengelgrund grünlich schwarz und wird naßfaul [6].

⚲ Wurzelfäule: Die Blätter werden fahlgrün und stumpf. Sie welken und vergilben. Die Wurzel ist weichfaul. Die Wurzelrinde läßt sich vom Zentralzylinder abziehen, so daß „Wurzelbärte" verbleiben. Die begeißelten Sporen des Pilzes benötigen zur Ausbreitung eine hohe Bodenfeuchte. Sauerstoffmangel im Boden begünstigt den Befall.

Verticillium-Welke (*Verticillium dahliae*)

⚲ Die Krankheit tritt besonders bei Edelpelargonien auf. Zunächst einseitige Welke der Blätter. Oft welken nur Blatthälften oder Blattsektoren. Blätter bleiben vertrocknet am Stengel hängen. [7] Die Gefäßbündel im Stengelquerschnitt sind braun verfärbt. Die Wurzeln sind gesund.

☂ Befallene Pflanzen, Kulturgefäße und Substrat beseitigen.

Blattfleckenkrankheiten (*Macrosporium pelargonii, Alternaria* sp.)

⚲ Dunkelgrüne, später braun werdende runde Flecken mit dunklem, teilweise erhöhtem Rand, in der Mittelzone mit hel-

1

2

3

olivbraunem Sporenbelag [1]. Die Krankheit tritt besonders bei *P.*-Zonale-Hybriden und bei Edelpelargonien in regnerischen Sommern oder bei hoher Luftfeuchte unter Glas auf.

Kranke Blätter beseitigen, Luftfeuchte niedrig halten, Blätter nicht zu oft befeuchten. Zur chemischen Bekämpfung sind Rovral oder Baymat flüssig geeignet.

Grauschimmel (*Botrytis cinerea*)

Im Blattgewebe und in Blütenständen entstehen wäßrige, braune Faulstellen. Bei hoher Luftfeuchte entsteht ein grauer Sporenrasen [2]. Besonders bei feuchtwarmer und dunkler Witterung.

Alte Blätter und abgestorbenes Pflanzengewebe aus dem Bestand entfernen. In den Wintermonaten in Kulturräumen trocken kultivieren, Luftfeuchte herabsetzen, Taupunkttemperatur in der Nacht nicht unterschreiten. Zur chemischen Bekämpfung siehe Seite 223.

Rostkrankheit (*Puccinia pelargonii-zonalis*)

Auf den Blättern helle Flecken, blattunterseits kreisförmig angeordnete, braune Rostpusteln [3].

Die Pilzsporen werden durch die Luft verbreitet. Für die Keimung benötigen sie tropfbares Wasser.

Kranke Blätter rechtzeitig entfernen. Zur chemischen Bekämpfung siehe Seite 222.

Möglichst trocken kultivieren, seltener, aber durchdringend gießen. Substrate mit grober Struktur verwenden.

Weichhautmilben (Tarsonemidae)

⚲ Blätter an Triebspitzen sind kleiner und verhärtet, die Blattränder sind oftmals nach unten gebogen. An Blattstielen und unter Blättern grindig braune Verkorkungen.
Die Entwicklung der 0,3 mm großen, glasig weißen Milben ist unter feucht-warmen Bedingungen begünstigt.
☂ Mutterpflanzen sind ständig auf Befall zu kontrollieren. Zur chemischen Bekämpfung siehe Seite 226.

Trauermückenlarven (Sciaridae)
⚲ Stecklinge bewurzeln nicht und sterben unter Fäulnis des Stengelgrundes ab [4]. Glasig weiße Larven mit schwarzer Kopfkapsel, etwa 7 mm lang im Stengel. Sie leben in feucht-humosem Substrat und dringen von dort in den Stengel ein. Gefährdet sind Stecklinge und Jungpflanzen in den ersten zwei bis drei Wochen.
☂ Aussaaten und Stecklinge direkt nach der Aussaat bzw. dem Stecken mit insektenpathogenen Nematoden (*Steinernema feltiae*, z. B. Exhibit F 27), 250 000 Nematoden pro m², abgießen.

Kalifornischer Thrips (*Frankliniella occidentalis*)
⚲ Blattunterseits braune korkartige Schwielen [5]. Junge Blätter deformiert, Vegetationskegel verkrüppelt. Blüten mit Stippen, Blütenränder verbräunt. In den Blüten, besonders in den Staubgefäßen starke Vermehrung der Thripse.
☂ Bestände sind mit Blautafeln auf Befall zu kontrollieren. Die Kontrolle ist bei Jungpflanzen besonders wichtig, da wenige Tiere zu Verkrüppelungen führen. Zur Tilgung eines Befalls ist der frühe, wiederholte Einsatz von

4

5

Insektiziden erforderlich, siehe hierzu Seite 226.

Blattläuse (Aphididae)
⚲ Blätter kräuseln und vergilben, bei starkem Befall klebriger Honigtau auf den Blättern (Bild [1], Seite 114).
☂ Einzelkolonien der Läuse abschneiden

1

2

3

und entfernen, biologische Pflanzenschutzmaßnahmen ergreifen (siehe Seite 224). Chemische Bekämpfung ebenfalls siehe Seite 224.

Raupen

⚲ An Blättern und Trieben Lochfraß [2], oft schwarzer Raupenkot auf den Blättern.

☂ Pflanzen besonders abends kontrollieren und Raupen absammeln. In größeren Beständen kann der Einsatz von Pflanzenschutzmitteln erforderlich werden. Siehe Seite 225.

Weiße Fliege (*Trialeurodes vaporariorum, Bemisia tabaci*)

⚲ Besonders bei Edelpelargonien auf den Blattunterseiten 2 – 3 mm große Mottenschildläuse mit weißen Flügeln und ungeflügelten hellgelben Larvenstadien [3]. Die Flügel stehen bei *Bemisia* steiler dachförmig über dem Hinterleib als bei *Trialeurodes.* Bei stärkerem Befall vergilben die Blätter. Es entsteht ein klebriger Honigtaubelag.

☂ In Beständen Gelbtafeln zur Befallsüberwachung aufhängen. Siehe Seite 226.

4

Petunia, Petunien

Die Pflanzen benötigen humose, gut mit Nährstoffen versorgte und gleichmäßig feuchte Substrate mit einem pH-Wert von 6 – 6,5. Bei vegetativ vermehrten Petunien sind die Hygiene- und Desinfektionsmaßnahmen zur Stecklingsgewinnung sorgfältigst einzuhalten.

Virosen

An Petunien kommen mehrere Virosen vor, die Blattaufhellungen [4], Vergilbungen von Blattadern und Blättern sowie gestauchten Wuchs zur Folge haben.

Kranke Pflanzen entfernen. Die Übertragung der Krankheit erfolgt häufig mit Blattläusen. Siehe Seite 221.

Blättrige Gallen (*Rhodococcus fascians*)

Fleischig verdickte, helle Gallen am Stengel [5], oftmals unter der Erdoberfläche. Die Pflanzen werden nur wenig geschädigt.

Gallen entfernen und von den befallenen Pflanzen keine Stecklinge schneiden. Kulturgefäße und Substrat für die Pelargonien-Kultur nicht wieder verwenden.

Echter Mehltau (*Oidium* sp.)

Auf den Blattober- und Blattunterseiten sowie auch an den Blattstielen entsteht ein mehlig weißer Belag [6]. Auch die Blüten werden befallen. Unter dem Belag ist das Gewebe braun verfärbt.

Zur chemischen Bekämpfung siehe Seite 222.

Kalifornischer Thrips (*Frankliniella occidentalis*)

Junge Blätter deformiert, Vegetationskegel verkrüppelt [7]. Blüten mit Stippen,

5

6

7

Blütenränder verbräunt. In den Blüten, besonders in den Staubgefäßen starke Vermehrung der Thripse.

☂ Befallene Pflanzenteile beseitigen. Bestände mit Blautafeln auf Befall kontrollieren. Die Kontrolle ist bei Jungpflanzen besonders wichtig, da wenige Tiere zu Verkrüppelungen führen. Zur Tilgung eines Befalls ist der frühe, wiederholte Einsatz von Insektiziden erforderlich, siehe Seite 226.

Weitere Krankheiten und Schädlinge:
Botrytis-Grauschimmel siehe Seite 96
Phytophthora-Stammgrundfäule siehe Seite 119
Blattläuse siehe Seite 85
Schnecken siehe Seite 124

Phlox

Niederschlagsreiche Standorte mit ausreichender Sommerfeuchtigkeit und nährstoffreichen Böden mit einem pH-Wert von 5,5 – 7 sind für die Kultur gut geeignet. In Trockenperioden ist der Boden häufiger zu lockern und zu wässern.

Kräuselkrankheit (tobacco necrosis virus)

⚲ Die Blätter sind gekräuselt und mosaikartig aufgehellt, teilweise mit dunklen Flecken. Die Blattadern sind gebräunt. Der Stengel ist verdickt und gestaucht, mit Längsstreifen und Aufrissen. Vergleiche auch Stengelälchen.

☂ Kranke Pflanzen entfernen. Siehe Seite 221.

Phoma-Stengelfäule und Triebsterben (*Phoma phlogis*)

⚲ Am Stengelgrund entsteht eine graubraune Verfärbung, darauf entwickeln sich schwarze Fruchtkörper. Befallene Triebe sterben ab.

☂ Befallene Pflanzen beseitigen.

Verticillium-Welke (*Verticillium alboatrum*)

⚲ Zunächst einseitige Welke der Blätter und Triebe. Blätter bleiben vertrocknet am Stengel hängen. Die Gefäßbündel im Stengelquerschnitt sind braun verfärbt. Die Wurzeln sind gesund.

☂ Befallene Pflanzen beseitigen. Keine für Verticillium anfälligen Pflanzen nachpflanzen.

Ascochyta-Krankheit (*Ascochyta* sp.)

⚲ Stengel vergilben und sterben ab. Die Blattflecken ähneln der *Septoria*-Erkrankung. Das Krankheitsbild ist auch mit Stengelälchen zu verwechseln.

☂ Jungpflanzen sorgfältig auf Befall kontrollieren. Befallene Pflanzen beseitigen. Auf befallenen Flächen keinen Phlox nachpflanzen.

3

Echter Mehltau (*Erysiphe cichoracearum*)

⚲ Auf den Blattober- und Blattunterseiten sowie auch an den Blattstielen entsteht ein mehlig weißer Belag [1]. Unter dem Belag ist das Gewebe braun verfärbt.

☂ Zur chemischen Bekämpfung siehe Seite 222.

Septoria-Blattfleckenkrankheit (*Septoria phlogis*)

⚲ Auf den Blättern rot-violette Flecken mit verwaschenem Rand. Die Flecken trocknen ein und hellen auf [2]. Auf den Flecken sind die schwarzen Fruchtkörper deutlich zu erkennen.

☂ Befallene Blätter entfernen, nicht zu eng pflanzen. Die Pflanzen nicht zu üppig mit Stickstoff versorgen. Größere Bestände bei Befallsgefahr in Schlechtwetterperioden mit Saprol Neu oder Dithane Ultra behandeln.

Blatt- und Stengelälchen (*Aphelenchoides fragariae, A. ritzemabosi, Ditylenchus dipsaci*)

⚲ Der Wuchs der Pflanzen ist gestaucht. Die Stengel verkrümmen, sie sind verdickt, brüchig und teilweise in der Längsrichtung aufgerissen. Die Blätter sind gewellt, gekräuselt und sehr schmal [3]. Bei Blattälchen-Befall ist der Wuchs gehemmt, die Triebspitzen verkrümmen sich, werden gelb und sterben ab.

Die Nematoden leben im Blatt- bzw. Stengelgewebe, sie können sich bei häufiger Blattbenetzung in dem Wasserfilm an der Pflanze rasch verbreiten.

☂ Befallene Pflanzenteile entfernen. Nicht zu feuchte Standorte wählen und die Kulturführung trocken gestalten. Blattbenetzung ist zu vermeiden. Keine Pflanzenteile von kranken Pflanzen für Vermehrungen verwenden.

Weitere Krankheiten und Schädlinge:
Falscher Mehltau siehe Seite 63
Wurzelälchen siehe Seite 101

Primula, Primel

Die Pflanzen lieben helle, luftige und kühle Standorte. Sie sind jedoch empfindlich gegenüber zu niedrigen Temperaturen und stauender Nässe. Das Substrat sollte humos sein und einen pH-Wert von 6 – 7 aufweisen. Vorsicht bei der Verwendung von frischem Kompost. Die Pflanzen sind salzempfindlich, daher nur durchgewurzelte Pflanzen mäßig düngen.

Nichtparasitäre Schäden
🔍 Kleine, von den Blattadern begrenzte helle Flecken, oftmals auf den Blattrand beschränkt [1]. Ursache: zu niedrige Temperatur, zu nasser Standort, durch Verdunstungskälte oft nur am Blattrand.
🔍 Pflanzen vergilben oder werden weiß. Der Blattrand verbräunt.
Ursache: zu hoher Salzgehalt des Bodens oder kurzfristige Ballentrockenheit.

Virosen
🔍 An Primeln kommen mehrere Virosen vor, die Blattaufhellungen, Vergilbungen, gelbliche Scheckungen und Nekrosen sowie Kümmerwuchs zur Folge haben [2].
☂ Kranke Pflanzen entfernen. Die Virosen können durch Insekten, aber auch durch Bodenpilze übertragen werden.
Siehe Seite 221.

Blütenverlaubung (Phytoplasmen)
🔍 Die Blüten sind verzwergt, vergrünt. Die Pflanzen vergilben [3].
☂ Kranke Pflanzen entfernen. Die Krankheit kann durch Insekten übertragen werden.
Siehe Seite 221.

Phytophthora-Wurzelhalsfäule
(*Phytophthora primulae*)

Pflanzen welken. Vom Wurzelhals geht eine Fäulnis auf den Wurzelansatz über [4].

Kranke Pflanzen und anhaftende Erde großzügig beseitigen. Für guten Wasserabzug des Bodens sorgen. In Beständen bei beginnendem Befall mit Aliette gießen.

Wurzel- und Stammfäule
(*Mycocentrospora acerina*)

Von den äußeren Blättern geht eine rasch fortschreitende Vergilbung aus [5]. Im weiteren Verlauf fault der Stammgrund, die Pflanze welkt plötzlich und stirbt ab. Die Wurzeln der Pflanzen weisen rötliche Verfärbungen auf. Der Pilz breitet sich bei relativ niedrigen Temperaturen im Winter noch aus. Die Symptome erscheinen plötzlich im Frühjahr bei starker Sonneneinstrahlung.

Kranke Pflanzen sofort entfernen. Stellfläche wechseln, Kulturgefäße nicht wieder für Primeln verwenden.

Stengelgrund-, Blatt- und Blütenfäule
(*Botrytis cinerea*)

Das Gewebe wird wäßrig und weichfaul, bei hoher Luftfeuchte entsteht ein grauer Sporenrasen [6]. Besonders im Herbst und im Frühjahr, wenn nach Frostperioden feuchtwarme Witterung einsetzt.

Alte Blätter und abgestorbenes Pflanzengewebe aus dem Bestand entfernen. In den Wintermonaten in Kulturräumen trocken kultivieren, Luftfeuchte herabsetzen, Taupunkttemperatur in der Nacht nicht unterschreiten. Zur chemischen Bekämpfung siehe Seite 223.

3

4

5

6

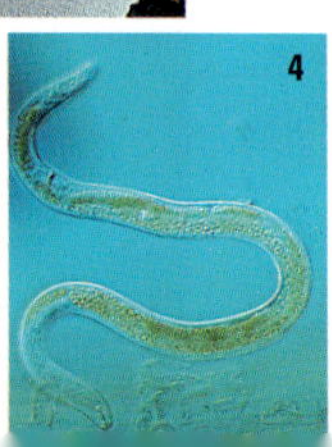

Ovularia-Blattflecken (*Ovularia primulae*)

Die Krankheit ist der *Ramularia* eng verwandt. Auf den Befallsstellen entsteht jedoch ein weißer Sporenbelag [1].

☂ Befallene Blätter beseitigen. Für rasches Abtrocknen des Laubes sorgen. Gefährdete Bestände mit Saprol Neu und Rovral im Wechsel behandeln.

Ramularia-Blattflecken (*Ramularia primulae*)

Graubraune Blattflecken mit gelbem Rand [2]. Blattunterseits entsteht auf den Flecken bei hoher Luftfeuchte ein weißer Sporenbelag.

☂ Bekämpfung siehe *Ovularia.*

Freilebende Wurzelälchen
(*Pratylenchus pratensis*)

🔍 Wachstum der Pflanzen verkümmert, der Austrieb ist schwach [3].

☂ Kranke Pflanzen mit anhaftender Erde sorgfältig entfernen. Boden auf Wurzelnematoden [4] untersuchen lassen. Keine anfälligen Pflanzen nachpflanzen.
Eine gewisse Bekämpfung ist durch Anpflanzung von *Tagetes* möglich.

Wurzelgallenälchen (*Meloidogyne incognita*)

🔍 Pflanzen kümmern, an den Wurzeln entwickeln sich perlschnurartige Anschwellungen [5].

☂ Kranke Pflanzen beseitigen. Keine anfälligen Pflanzen nachpflanzen.

Spinnmilben (*Tetranychus urticae*)

🔍 Blätter werden fahlgrün, vergilben, verbräunen und vertrocknen. Teilweise auch weißgelbe

5

Sprenkel 6, später flächige Aufhellungen und Vertrocknen der Blätter. Die 0,2 – 0,5 mm großen Milben leben blattunterseits im Schutz zarter Gespinste.

☂ Befallene Pflanzenteile entfernen. Hohe Temperaturen und trockene Luft fördern den Befall. Zur Bekämpfung siehe Seite 226.

Weichhautmilben (Tarsonemidae)

🔍 Besonders bei Jungpflanzen treten an jüngsten Blättern Verkrüppelungen und Verhärtungen auf 7. Die Blattränder sind oftmals nach unten gebogen. An Blattstielen mitunter grindig braune Verkorkungen.

Die Entwicklung der 0,3 mm großen, glasig weißen Milben ist unter feuchtwarmen Bedingungen begünstigt.

☂ Mutterpflanzen sind ständig auf Befall zu kontrollieren. Zur chemischen Bekämpfung siehe Seite 226.

Dickmaulrüßler (*Otiorrhynchus sulcatus*)

Das Auftreten der Käfer 8 ist am Buchtenfraß an den Blättern zu erkennen. Den eigentlichen Schaden verursachen die Larven durch Fraß an den Wurzeln. Die Larven sind weiß mit brauner Kopfkapsel, bauchseits gekrümmt und bis zu 12 mm groß.

6

7

8

Der Einsatz insektenpathogener Nematoden (*Steinernema carpocapsae* oder *Heterorhabditis* sp.) hat sich bewährt. Je nach Befallsstärke werden 250 – 500 000 Nematoden pro m^2 bzw. 4 000 Nematoden pro Liter Substrat gegossen. Die Bodentemperatur muß mindestens 13 °C betragen, auf gleichmäßige Bodenfeuchte ist zu achten.

Eulenraupen (Noctuidae)

Fraßschäden an den Blättern [1], Blattstielen und am Wurzelhals, oftmals schwarzer Kot der Raupen auf den Blättern.

Pflanzen besonders abends kontrollieren und Raupen absammeln. In größeren Beständen kann der Einsatz von Pflanzenschutzmitteln erforderlich werden. Siehe Seite 225.

Wurzelläuse (*Pemphigus* sp.)

Das Wachstum ist gehemmt, einzelne Blätter vergilben. An den Wurzeln sind graue Läuse [2].

Stark befallene Pflanzen beseitigen. Wertvolle Einzelpflanzen auf feuchten Wurzelballen mit Unden flüssig angießen.

Wiesenschnakenlarven (*Tipula paludosa*)

Schmutzig-graue, bis 4 cm lange, walzenförmige beinlose Larven fressen an Wurzeln und Stammgrund [3]. Am Hinterende tragen die Larven 6 typische, fleischige Zapfen.

Larven absammeln. Frische, humose Substrate werden von den Schnaken zur Eiablage angeflogen, diese Substrate durch Netze schützen.

Minierfliegen (*Liriomyza huidobrensis*)
🔎 An den Blättern zunächst viele kleine gelbe Einstichstellen, später helle Miniergänge in den Blättern [4]. Die dunkelbraunen Puppen der Fliege liegen auf den Blättern und fallen in den Boden.
☂ Jungpflanzen beim Kauf sorgfältig auf Befall kontrollieren. Befallene Blätter rechtzeitig entfernen, ehe sich Puppen entwickeln. In geschlossenen Kulturräumen ist eine sehr effektive Bekämpfung mit Schlupfwespen (*Dacnusa, Diglyphus*) möglich.

4

5

Kalifornischer Thrips (*Frankliniella occidentalis*)
🔎 Blüten durch die Saugtätigkeit der Thripse mit Stippen aufgehellt und mit dunklen Kottropfen. Blütenränder teilweise verbräunt [5]. In den Blüten, besonders in den Staubgefäßen starke Vermehrung der Thripse.
☂ Befallene Pflanzenteile beseitigen. Bestände mit Blautafeln auf Befall kontrollieren. Die Kontrolle ist bei Jungpflanzen besonders wichtig, da wenige Tiere zu Verkrüppelungen führen. Zur Tilgung eines Befalls ist der frühe, wiederholte Einsatz von Insektiziden erforderlich, siehe Seite 226.

6

Blattälchen (*Aphelenchoides fragariae*)
🔎 Zunächst gelbe, später braune, eckige Blattflecken, von den Blattadern scharf begrenzt [6].
Die Nematoden leben im Blattgewebe, sie können sich bei häufiger Blattbenetzung im Wasserfilm auf dem Blatt und an der Pflanze rasch verbreiten.

1

☂ Befallene Pflanzenteile entfernen und die Kulturführung trockener gestalten. Eine Blattbenetzung ist zu vermeiden. Keine Pflanzenteile von kranken Pflanzen für Vermehrungen verwenden.

Schnecken

⚲ Schabe- und Fensterfraß, es entstehen Löcher im Blatt. Auf den Blättern oft silbrige Schleimspuren [1].

☂ Feuchtigkeit im Bestand verringern, bei Einzelpflanzen Schnecken absammeln (möglichst nachts). Je nach Befallsstärke können Schneckenkorn, Schneckenband oder Schneckenstaub eingesetzt werden.

Weitere Krankheiten und Schädlinge:

Wurzelbräune siehe Seite 125
Blattläuse siehe Seite 85
Weiße Fliege siehe Seite 98

Viola, Veilchen, Stiefmütterchen

Die Pflanzen sind anspruchslos. Der Boden sollte nicht zu schwer sein und auch nicht zu Vernässungen neigen. Der pH-Wert ist auf 6 – 7 einzustellen. Besonders Jungpflanzen sind nur mäßig zu düngen.

Gurkenmosaik-Virus (cucumber mosaic virus)

⚲ Der Wuchs der Pflanzen ist gedrungen, das Blattgewebe gewellt, teilweise unregelmäßig vergilbt mit einzelnen Läsionen. Die Blüten mißgestaltet mit Farbbrechungen [2].

☂ Kranke Pflanzen entfernen. Das Virus wird besonders in warmen Herbstwochen durch Blattläuse übertragen. Siehe Seite 221.

2

Bakterielle Blattflecken
(*Pseudomonas* sp.)

⚲ Zunächst nur kleine, gelbe, ölig-durchscheinende Flecken, später braunschwarze, sich rasch vergrößernde Blattflecken mit ölig-durchscheinendem Rand [3], die oft erst im Spätsommer oder im Herbst auftreten und bei feucht warmer Witterung noch starke Schäden verursachen können. Die Krankheit kann mit

Mycocentrospora-Blattflecken verwechselt werden.

☂ Kranke Pflanzen rasch entfernen. Im Herbst und im Frühjahr kann die Ausbreitung der Bakterien durch Spritzbehandlungen mit Kupferoxychlorid nach starken Regenfällen eingeschränkt werden.

3

Wurzelbräune (*Thielaviopsis basicola*)

🔍 Blätter vergilben, ältere Blätter verbräunen vom Blattrand her. Die Wurzeln sind infolge einer Trockenfäule braun verfärbt [4], daran sind oft kurze, weiße Wurzeln. Die Krankheit tritt besonders bei der Topfkultur auf.

☂ Schlechte Bodenstruktur und ungünstige pH-Werte fördern den Befall. Salzgehalt des Substrates prüfen, nur mit geringen Konzentrationen düngen, häufiger, aber nicht zu stark gießen.

5

4

Wurzel- und Stammfäule
(*Mycocentrospora acerina*)

🔍 Blauschwarze, runde Blattflecken [5]. Die Flecken bräunen sich von der Mitte her. Mit Pseudomonas-Blattflecken zu verwechseln.

☂ Kranke Pflanzen sofort entfernen. Stellfläche wechseln, Kulturgefäße desinfizieren. Der Pilz kann mit seinen Dauerkörpern mehrere Jahre im Boden überdauern.

Stengelgrund- und Wurzelhalsfäule (*Phytophthora cactorum*)

🔍 Die untersten Blätter verfärben sich bläulich oder vergilben. Pflanzen welken. Vom Stengelgrund geht eine Fäulnis aus [1].

☂ Kranke Pflanzen und anhaftende Erde großzügig beseitigen. Keine für *Phytophthora* anfälligen Pflanzen nachpflanzen. Für guten Wasserabzug des Bodens sorgen. Bei beginnendem Befall Pflanzenbestände mit Aliette gießen.

Echter Mehltau (*Erysiphe* sp.)

🔍 Auf den Blattober- und Blattunterseiten sowie auch an den Blattstielen entsteht ein mehlig weißer Belag [2]. Auch die Blüten werden befallen. Unter dem Belag ist das Gewebe braun verfärbt.

☂ Zur chemischen Bekämpfung siehe Seite 222.

Falscher Mehltau (*Peronospora violae*)

🔍 Blattoberseits bleiche Stellen, teilweise mit verhärtetem Gewebe [3], blattunterseits ein schmutzig weißer Sporenbelag.

☂ In Kulturräumen Luftfeuchte kontrollieren, nachts die Taupunkttemperatur nicht unterschreiten, häufiges Befeuchten der Blätter vermeiden. Bei ausgepflanzten Beständen für gute Belüftung der Pflanzen sorgen.

Kranke Pflanzenteile möglichst entfernen. In Beständen bei beginnendem Befall wiederholt mit Fonganil Neu oder Previcur N (nur in Großpackungen erhältlich) spritzen. Die Zulassung sieht Spritzbehandlungen nicht vor, Probespritzungen vornehmen!

Grauschimmel (*Botrytis cinerea*)
Das Gewebe wird wäßrig und weichfaul, bei hoher Luftfeuchte entsteht ein grauer Sporenrasen. [4] Besonders im Herbst und im Frühjahr, wenn nach Frostperioden feuchtwarme Witterung einsetzt.
Alte Blätter und abgestorbenes Pflanzengewebe aus dem Bestand entfernen. In den Wintermonaten in Kulturräumen trocken kultivieren, Luftfeuchte herabsetzen, Taupunkttemperatur in der Nacht nicht unterschreiten. Pflanzen nicht bei Regen ausgraben und nicht zu lange und zu dicht in Kisten lagern. Zur chemischen Bekämpfung siehe Seite 223.

Ramularia-Blattflecken
(*Ramularia* sp.)
Hellgelbe bis bräunliche Blattflecken. Sie vergrößern sich rasch, werden hellbraun pergamentartig und breiten sich über das gesamte Blatt aus [5].
Befallene Blätter möglichst beseitigen. Für rasches Abtrocknen des Laubes sorgen. Gefährdete Bestände mit Saprol Neu und Rovral im Wechsel behandeln.

Spinnmilben (*Tetranychus urticae*)
Auf Blättern weißgelbe Sprenkel [6], später flächige Aufhellungen und Vertrocknen der Blätter. Die 0,2 – 0,5 mm großen Milben leben blattunterseits im Schutz zarter Gespinste.
Befallene Pflanzenteile entfernen. Hohe Temperaturen und trockene Luft fördern den Befall. Zur Bekämpfung siehe Seite 226.

4

5

6

Blattrollmücke

Erdraupen (*Agrotis* u. a.)

Im Boden leben 4 – 5 cm lange dicke, nackte graubraune Raupen. [1] Sie fressen nachts an Blättern und Stielen. Ziehen die Pflanzen teilweise in den Boden hinein.

Raupen absammeln. Bei starkem Befall in den Abendstunden mit Decis flüssig spritzen.

Blattrollmücken (*Dasyneura affinis*) [3]

Junge Blätter sind eingerollt und zu bleichgrünen Gallen verdickt [2]. Die Gallen werden brüchig, verbräunen und vermorschen.

Gallen abpflücken. Bei größeren Beständen sind bei beginnendem Befall Insektizid-Behandlungen erforderlich.

Weitere Krankheiten und Schädlinge:

Pythium-Wurzelfäule siehe Seite 97
Rost siehe Seite 61
Blattläuse siehe Seite 85
Schnecken siehe Seite 124

Zinnia, Zinnie

Das humose, durchlässige Substrat sollte einen pH-Wert von 6 – 7,5 aufweisen. Geeignet sind helle, gleichmäßig feuchte Standorte. Nicht zu stark düngen, da die Pflanzen sonst anfällig werden und die Stiele leicht abknicken.

Virosen

An Zinnien kommen mehrere Virosen vor, die mosaikartige Blattaufhellungen, Vergilbungen, Blattadernverbänderungen, Blütenfarbbrechungen sowie dunkelgrüne Blattflecken und Nekrosen zur Folge haben [4] [5].

↑ Kranke Pflanzen entfernen. Die Übertragung der Krankheit erfolgt häufig durch Blattläuse und Thripse. Siehe Seite 221.

Alternaria-Blattflecken (*Alternaria zinniae*)

⚲ Graubraune Flecken mit purpurfarbenem Rand, in der Mittelzone mit hellolivbraunem Sporenbelag [6]. Später gehen die Flecken ineinander über. Befallene Blätter, Blüten und Triebe sterben ab. Bei Keimlingen wird auch eine Stengelgrundfäule verursacht.

↑ Kranke Pflanzenteile beseitigen, Luftfeuchte niedrig halten, Blätter nicht zu oft befeuchten. Zur chemischen Bekämpfung sind Rovral oder Baymat flüssig geeignet.

Raupen

⚲ An den Blättern Lochfraß [7], oft schwarzer Raupenkot auf den Blättern.

↑ Pflanzen besonders abends kontrollieren und Raupen absammeln. In größeren Beständen kann der Einsatz von Pflanzenschutzmitteln erforderlich werden. Siehe Seite 225.

1

Sclerotinia-Stengelfäule (*Sclerotinia sclerotiorum*)

🔍 Pflanzen welken, an den Stengeln braune Flecken [1], im Stengel weißes, watteartiges Myzel, darin oft schwarze Dauerkörper (Sclerotien).

☂ Befallene Pflanzen entfernen. Bei Beständen die übrigen Pflanzen mit Rovral behandeln.

Weitere Krankheiten und Schädlinge:

Rhizoctonia-Stengelgrundfäule siehe Seite 36
Blattläuse und Thripse siehe Seite 85, 86
Schnecken siehe Seite 124
Spinnmilben siehe Seite 62

Krankheiten und Schädlinge an Ziergehölzen

Acer, Ahorn

Die zahlreichen Arten mit unterschiedlichen Wuchsformen haben verschiedene Standortansprüche. Während *A. platanoides* hart und industriefest, teilweise auch trockenresistent ist, sollte *A. palmatum* nur auf guten, durchlässigen Böden mit niedrigem pH-Wert in halbschattiger Lage gepflanzt werden. Vor Anpflanzungen ist die Eignung der jeweiligen Art z. B. als Straßenbaum oder als Kübelpflanze zu klären.

Nichtparasitäre Blattrandnekrosen
🔎 Blätter werden vom Blattrand her braun, rollen ein und sterben ab. Besonders empfindlich ist *Acer palmatum* [1].
Ursache: Zu hoher Salzgehalt des Bodens oder zu stark schwankende Bodenfeuchte.

Blattflecken (*Diplodia acerina*)
🔎 Auf den Blättern entstehen hellbraune, runde Flecken.
Blattflecken (*Didymosporina aceris*)
🔎 Unregelmäßig braune Flecken am Blattrand und auf der Blattfläche. Das nekrotische Gewebe reißt auf.

Teerflecken (*Rhytisma acerina*)
🔎 Zunächst gelbliche Blattflecken, später dicke, schwarz glänzende, zusammenfließende Flecken mit gelbem Rand [2].
☂ Befallene Blätter umgehend beseitigen. Für eine gute Belichtung und Belüftung der Pflanzen sorgen. Dicht gewachsene Pflanzungen auslichten.

1

2

1

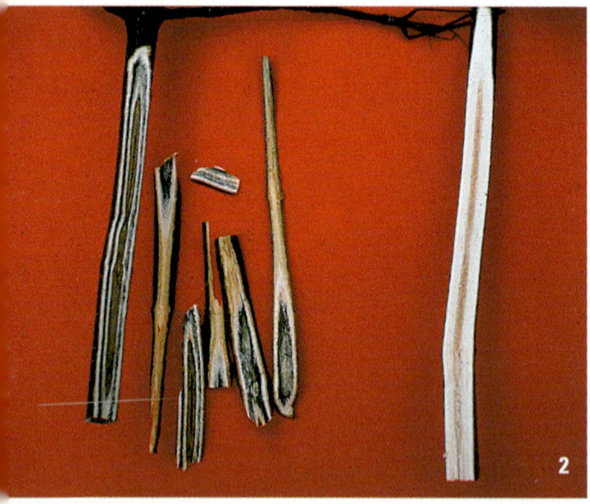

2

3

Blattbräune (*Pleuroceras pseudoplatani*)

🔎 Hellbraune Blattflecken mit dunklem Rand. Sie werden 2 – 5 cm groß. Die Adern verfärben sich dunkel [1]. Auf den Adern entstehen kleine Fruchtkörper.

☂ Bei hoher Luftfeuchtigkeit und anderweitigen Schädigungen des Blattes kommt es zu einer rascheren Ausbreitung der pilzlichen Erkrankung. Befallene Pflanzenteile möglichst entfernen. Für ein rasches Abtrocknen der Blätter und möglichst niedrige Luftfeuchte sorgen. Pflanzen im Herbst gut ausreifen lassen. Chemische Bekämpfung siehe Seite 222.

Verticillium-Welke (*Verticillium alboatrum*)

🔎 Zunächst einseitige Welke der Blätter einzelner Triebe. Die Gefäßbündel im Stammquerschnitt sind braun verfärbt [2]. Die Wurzeln sind gesund.

☂ Befallene Pflanzen beseitigen. Keine für Verticillium anfälligen Pflanzen nachpflanzen.

Rotpustelkrankheit (*Nectria cinnabarina*)

☂ Auf Trieben, Ästen und Stämmen entstehen rosarote bis zinnoberrote, stecknadelkopfgroße Fruchtkörper des Pilzes [3]. Der Pilz siedelt sich auf totem Pflanzengewebe (Wunden) an. Von dort bringt er weiteres Gewebe zum Absterben und dringt in die Pflanze ein.

🔎 Abgestorbene Äste entfernen, kein befallenes Holz unter den Bäumen liegenlassen. Nach Rückschnitt der Pflanzen sollten die Wunden mit einem Wundverschlußmittel behandelt werden. Bei starkem Befallsdruck ist besonders im Herbst nach dem Blattfall eine Spritzung mit einem Kupfer-Präparat zum Schutz der Blattnarben zu empfehlen.

Weitere Krankheiten und Schädlinge:
Echter Mehltau siehe Seite 161
Spinnmilben siehe Seite 162
Blattläuse siehe Seite 139
Gallmilben siehe Seite 138

Buxus, Buchsbaum

Die vielseitige Verwendung der Pflanzen zur Unterpflanzung locker stehender, größerer Gehölze, in Kübeln oder als Hecken läßt eine Pflanzung überall geeignet erscheinen. Der Boden sollte jedoch nicht zu schwer sein und eine alkalische Reaktion aufweisen. Sonnige Standorte sind zu bevorzugen, Buxus verträgt aber auch Schatten.

Rostkrankheit (*Puccinia* sp.)
Blattunterseits, später auch blattoberseits braune Rostpusteln [4].
Die Pilzsporen werden durch die Luft verbreitet.
Kranke Blätter rechtzeitig entfernen. Zur chemischen Bekämpfung siehe Seite 222.

4

5

Buchsbaumgallmücke (*Monarthropalpus buxi*) [5]
Blattoberseits gelblich erhabene Flecken, blattunterseits beulig, blasig aufgetrieben. In den Gallen leben die etwa 2,5 mm großen, orangefarbenen Mückenlarven. Bei starkem Befall tritt Blattfall auf.
Befallene Pflanzenteile, auch abgefallenes Laub entfernen. Bei starkem Befall kann je nach Witterung in der Zeit von Mitte Mai bis Mitte Juni, wenn die Mücken schlüpfen, eine Insektizid-Behandlung erforderlich werden.

Buchsbaumfloh (*Psylla buxi*)
Die Blätter sind löffelartig nach oben eingerollt und aufgehellt. Die Larven le-

1

2

ben unter Wachswolle und klebrigen Ausscheidungen [1].

Befallene Pflanzenteile abschneiden. Bei starkem Befall kann eine Nachaustriebsspritzung mit einem Mineralöl erforderlich werden.

Gallmilben (*Acerina unguiculata*)

Die Knospen sind geschwollen und zu grau behaarten Gallen umgebildet [2]. Die austreibenden Blätter sind blasig aufgetrieben.

Befallene Pflanzenteile abschneiden. Bei starkem Befall kann eine Nachaustriebsspritzung mit einem Mineralöl erforderlich werden.

Weitere Krankheiten und Schädlinge:

Volutella-Triebsterben, Laboruntersuchung erforderlich

Schildläuse siehe Seite 148

Spinnmilben siehe Seite 162

Chamaecyparis, Scheinzypresse

Die Pflanzen sind sehr anpassungsfähig. Mäßig trockene bis feuchte, sandig-humose, kiesig oder lehmige Böden mit saurer bis alkalischer Reaktion können als Standort dienen. Reine Sand- oder Tonböden sind ungeeignet. Der Salzgehalt des Bodens sollte nicht zu hoch sein. Bei Luft- oder Ballentrockenheit kümmern die Pflanzen. Gegen kalte Ostwinde sollten sie geschützt werden.

Wurzelfäule (*Phytophthora cinnamomi*)

Anfangs welken einzelne Triebspitzen, später die ganze Pflanze, sie wird stumpfgrau, vertrocknet und verbräunt [3]. Die Wurzeln faulen von der Wurzelspitze ausgehend, der Wurzelballen ist verbräunt, während der Wurzelhals zu Beginn der Krankheit noch keine Verbräunung aufweist.

☂ Kranke Pflanzen und anhaftende Erde großzügig beseitigen. Keine für Phytophthora anfälligen Pflanzen nachpflanzen. Für guten Wasserabzug des Bodens sorgen. Bei beginnendem Befall Bestände mit Aliette gießen.

Zweigsterben (*Kabatina thujae*)

🔍 Besonders an schattigen Standorten oder bei schlechtem Abtrocknen der Pflanzen kann es zu Vergilbungen und Verbräunungen einzelner Triebe durch *Kabatina* oder *Botrytis* kommen [4]. Auch Nichtparasitäre Ursachen wie z. B. Magnesium-Mangel können ein Verfärben einzelner Zweigpartien verursachen.

☂ Befallene Pflanzenteile entfernen. Umgebenden Pflanzenbestand auslichten, damit die Pflanzen schneller abtrocknen können. Nichtparasitäre Ursachen durch eine Bodenuntersuchung klären.

Nadelholzspinnmilbe (*Oligonychus ununguis*)

🔍 Auf Blättern weißgelbe Sprenkel, später flächige Aufhellungen und Vertrocknen der Blätter und Blattfall. Die 0,2 – 0,5 mm großen Milben leben blattunterseits im Schutz zarter Gespinste [5].

☂ Befallene Pflanzenteile entfernen. Hohe Temperaturen und trockene Luft fördern den Befall. Zur Bekämpfung siehe Seite 226.

Thujaminiermotte (*Argyresthia thuiella*)

🔍 Mehrere kleine Triebspitzen werden braun und fallen leicht ab. An der Basis des verbräunten Triebes befindet sich ein

3

4

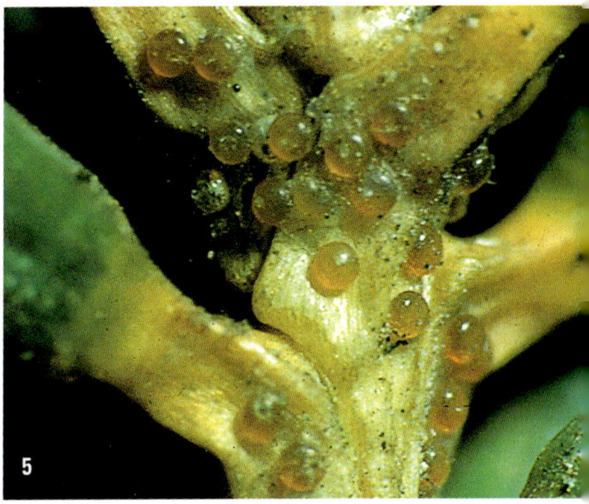
5

kleines Bohrloch [1]. Im Trieb miniert die 3 mm lange Raupe der Motte.

☂ Braune Triebspitzen abschneiden und entfernen. Bei starkem Befall kann der Einsatz eines Pyrethrum-Präparates zwischen Mitte Mai und Mitte Juni erforderlich werden.

Zweifarbiger Thujaborkenkäfer
(*Phloeosinus aubei*)

🔍 Die Pflanze kümmert und vergilbt. Die Symptomausprägung ist oftmals zunächst einseitig. Am Stamm sind Einbohrlöcher des Borkenkäfers und unter der Rinde das Fraßbild des Käfers deutlich sichtbar. [2]

☂ Kranke Pflanzen möglichst umgehend entfernen.

Weitere Krankheiten und Schädlinge:

Blattläuse siehe Seite 139
Schildläuse siehe Seite 148
Wurzelälchen siehe Seite 101

Clematis, Waldrebe

Für die Pflanzung sollte ein gleichmäßig feuchter, alkalischer Boden in sonniger oder halbschattiger Lage gewählt werden. Stauende Nässe ist unbedingt zu vermeiden. Reine Süd- oder Nordlagen sind zu vermeiden. Bei sonnigen Lagen sollte besonders im Winter auf eine Schattierung des unteren Stammbereiches geachtet werden. Bei Nichtbeachtung der kulturtechnischen Voraussetzungen kann es zum nichtparasitären Clematissterben kommen.

Ringfleckenvirus

🔍 Im Blatt unregelmäßige, gelbe Ringmuster, Linien und Flecken.

☂ Kranke Pflanzen entfernen.

Welkekrankheit (nichtparasitär)

🔍 Pflanzen welken und sterben ab [3]. Häufig treten Pilze wie *Coniothyrium*, *Fusarium* oder *Verticillium* auf, die den Krankheitsverlauf beschleunigen.

☂ Stammgrund besonders bei Spätfrösten

vor Sonneneinstrahlung schützen. Weniger anfällige Sorten wählen; anfällig sind großblütige Hybriden von *C. jackmanni*.

3

Blatt- und Stengelflecken (*Ascochyta clematidina*)

⚲ Einzelne Pflanzenteile welken und sterben ab. An Stengeln und Blättern braune, zusammenfließende Flecken.

☂ Kranke Pflanzen entfernen. Ungünstiger Standort führt oft zum Auftreten dieser Pilzkrankheiten.

Echter Mehltau

⚲ Auf den Blattober- und Blattunterseiten sowie auch an den Blattstielen entsteht ein mehlig weißer Belag [4]. Auch die Blüten werden befallen. Unter dem Belag ist das Gewebe braun verfärbt.

☂ Zur chemischen Bekämpfung siehe Seite 222.

4

Weitere Krankheiten und Schädlinge:

Blattläuse siehe Seite 139
Spinnmilben siehe Seite 162
Thripse siehe Seite 157
Wurzelgallenälchen

Cytisus, Besenginster

Leichte, durchlässige Böden in voller Sonne sind ideale Standorte für *Cytisus*. Die Pflanzen sind trockenheitsresistent und industriefest. Staunässe ist zu vermeiden.

Pleiochaeta-Blattflecken (*Pleiochaeta setosa*)

⚲ Auf Blättern, später auch auf Blattstielen und Trieben braunschwarze Flecken [5]. Befallene Pflanzen kümmern und sterben ab.

5

⛱ Befallen Pflanzenteile entfernen. In Beständen Kupfer-Präparate gegen die weitere Ausbreitung der Krankheit einsetzen.

Gallmilben (Eriophyidae)
🔍 An den Trieben treten zahlreiche hellgrüne Wucherungen auf [1].
⛱ Befallene Triebe sofort entfernen.

Weitere Krankheiten und Schädlinge:
Falscher Mehltau siehe Seite 161
Phytophthora-Stengelfäule siehe Seite 141
Thripse siehe Seite 143
Blattläuse siehe Seite 139
Miniermotte siehe Seite 168
Rost und Spinnmilben siehe Seite 161, 162

Euonymus, Pfaffenhütchen

Die Pflanzen haben keine großen Standortansprüche. Sie sind hart und industriefest, sie können in verschiedenen Wuchsformen an vielen Standorten Verwendung finden.

Echter Mehltau (*Erysiphe polygoni*)
🔍 Auf den Blattober- und Blattunterseiten sowie auch an den Blattstielen entsteht ein mehlig weißer Belag [2]. Unter dem Belag ist das Gewebe braun verfärbt.
⛱ Zur chemischen Bekämpfung siehe Seite 222.

Spinnmilben (*Tetranychus urticae*)
🔍 Auf Blättern weißgelbe Sprenkel, später flächige Aufhellungen und Vertrocknen der Blätter [3]. Die 0,2 – 0,5 mm großen Milben leben blattunterseits im Schutz zarter Gespinste.
⛱ Befallene Pflanzenteile entfernen.

Hohe Temperaturen und trockene Luft fördern den Befall. Zur Bekämpfung siehe Seite 226.

Blattläuse (*Aphis fabae*)

⚲ Dunkelgrüne bis schwarze Läuse [4]. Blätter, besonders Triebspitzen kräuseln und vergilben, bei starkem Befall klebriger Honigtau auf den Blättern.

☂ Einzelkolonien der Läuse abschneiden und entfernen, biologische Pflanzenschutzmaßnahmen ergreifen (siehe Seite 224). Chemische Bekämpfung ebenfalls siehe Seite 224.

Pfaffenhütchengespinstmotte (*Yponomeuta cognatellus*)

⚲ Kahlfraß der Pflanzen. An den Pflanzen Gespinste mit etwa 2 cm langen, gelbe Raupen mit schwarzen Punkten [5]. Ab

1

2

Juli treten die Falter auf. Junge Raupen überwintern.

⛱ Raupennester herausschneiden und verbrennen.

Weitere Krankheiten und Schädlinge:
Dickmaulrüßler siehe Seite 142

Forsythia, Forsythie

Sonnig-warme Standorte ermöglichen eine frühe Blüte. Bei schweren Böden mit Staunässe kann es zur Triebfäule kommen.

Bakterieller Krebs an Zweigen
(*Agrobacterium tumefaciens*)
🔍 An Zweigen kleine, bis zu mehreren Zentimetern große Wucherungen mit rauher, rissiger Oberfläche 1.
⛱ Kranke Pflanzenteile aus dem Garten entfernen.

Triebfäule (*Pseudomonas syringae*)
🔍 Auf den Blättern kleine braune Flecken mit hellem Rand. Bei stärkerem Befall werden die Blätter, Blattstiele und Zweige dunkelbraun und trocknen ein. 2
⛱ Kranke Pflanzenteile entfernen, Schnittwerkzeug desinfizieren. Bestände durch Behandlungen mit Kupfer-Präparaten besonders im Frühjahr und im Herbst vor einer Ausbreitung des Bakteriums schützen.

Weitere Krankheiten und Schädlinge:
Verticillium-Welke siehe Seite 132
Spinnmilben und Blattwanzen siehe Seite 162,163
Thripse siehe Seite 157

Hedera, Efeu

Schattige Standorte mit kalkhaltigen Böden sind für *Hedera* gut geeignet. Die Pflanzen sollten nach Feuchteperioden jedoch gut abtrocknen können, sonst finden Blattfleckenpilze gute Entwicklungsbedingungen. Staunässe fördert die *Phytophthora*-Erkrankung.

Bakterielle Blattfleckenkrankheit

(*Xanthomonas campestris* pv. *hederae*)

Braunschwarze, sich rasch vergrößernde Blattflecken mit ölig durchscheinendem Rand 3, an den Zweigen Risse und krebsartige Wucherungen.

Kranke Pflanzenteile rasch entfernen. Für rasches Abtrocknen der Blätter sorgen. Bei Pflanzenbeständen können gesunde Pflanzen durch Kupfer-Behandlungen vor einer weiteren Ausbreitung der Bakterien geschützt werden.

Phytophthora-Stengelfäule

(*Phytophthora palmivora*)

Einzelne Stengelteile faulen. Die Fäulnis geht über den Blattstiel in das Blatt über. Befallene Blätter sterben ab 4.

Kranke Pflanzenteile beseitigen. Für rasches Abtrocknen der Pflanzen und guten Wasserabzug des Bodens sorgen. Bei beginnendem Befall Pflanzenbestände mit Aliette gießen.

Blattfleckenpilze (*Colletotrichum, Cryptocline, Phoma, Phyllosticta*)

Dunkle, runde Blattflecken mit brauner Mitte, unregelmäßig umrandet 5. Das geschädigte Blattgewebe reißt bei weiterem Wachstum des Blattes auf.

3

4

5

Für rasches Abtrocknen der Pflanzen sorgen. Durch den Einsatz von Kupfer-Präparaten ist eine Ausbreitung der Krankheit zu stoppen. Besonders effektiv ist Kupferhydroxid, es hinterläßt aber einen starken Spritzbelag.

Spinnmilben (*Tetranychus urticae*)

Auf Blättern weißgelbe Sprenkel, später flächige Aufhellungen und Vertrocknen der Blätter. Die 0,2 – 0,5 mm großen Milben leben blattunterseits im Schutz zarter Gespinste [1].

Befallene Pflanzenteile entfernen. Hohe Temperaturen und trockene Luft fördern den Befall. Zur Bekämpfung siehe Seite 226

Weichhautmilben (Tarsonemidae)

Triebspitzen verkahlen, Blätter an Triebspitzen sind kleiner und verhärtet, die Blattränder sind oftmals nach unten gebogen [2]. An Blattstielen und unter Blättern grindig braune Verkorkungen. Die Entwicklung der 0,3 mm grossen, glasig weißen Milben ist unter feuchtwarmen Bedingungen begünstigt.

Mutterpflanzen sind ständig auf Befall zu kontrollieren. Zur chemischen Bekämpfung siehe Seite ●●.

Dickmaulrüßler (*Otiorrhynchus sulcatus*)

Das Auftreten der Käfer [3] ist am Buchtenfraß an den Blättern zu erkennen. Den eigentlichen Schaden verursachen die Larven durch Fraß an den Wurzeln. Die Larven sind weiß mit brauner Kopfkapsel, bauchseits gekrümmt und bis zu 12 mm groß.

☂ Der Einsatz insektenpathogener Nematoden (*Steinernema carpocapsae* oder *Heterorhabditis* sp.) hat sich bewährt. Je nach Befallsstärke werden 250–500 000 Nematoden pro m² bzw. 4 000 Nematoden pro Liter Substrat gegossen. Die Bodentemperatur muß mindestens 13 °C betragen, auf gleichmäßige Bodenfeuchte ist zu achten.

Thripse (*Frankliniella occidentalis, Thrips tabaci*)
🔍 Kann in Zimmern und Wintergärten bei niedriger Luftfeuchte zu Massenvermehrungen kommen. Junge Blätter deformiert [4], Vegetationskegel verkrüppelt. Blüten mit Stippen, Blütenränder verbräunt. In den Blüten, besonders in den Staubgefäßen, starke Vermehrung der Thripse.
☂ Befallen Pflanzenteile beseitigen. Bestände mit Blautafeln auf Befall kontrollieren. Die Kontrolle ist bei Jungpflanzen besonders wichtig, da wenige Tiere zu Verkrüppelungen führen. Zur Tilgung eines Befalls ist der frühe, wiederholte Einsatz von Insektiziden erforderlich, siehe Seite 226.

Weitere Krankheiten und Schädlinge:
Schildläuse siehe Seite 148

Hypericum, Johanniskraut

Der sehr anspruchslose, immergrüne Bodendecker gedeiht sowohl in voller Sonne als auch im Halbschatten. Im Frühjahr empfiehlt es sich, die Triebe stark zurückzuschneiden, da die Pflanzen am Jungholz blühen.

4

5

Rost (*Melampsora hypericorum*)
🔍 Auf den Blättern helle Flecken, blattunterseits zahlreiche braune Rostpusteln [5]. Die Blätter sind häufig nach oben gerollt. Die Pilzsporen werden durch die Luft verbreitet. Für die Keimung benötigen sie tropfbares Wasser.
☂ Kranke Blätter rechtzeitig entfernen. Zur chemischen Bekämpfung siehe Seite 222.

Ilex, Stechpalme

Ilex benötigt frische, humushaltige Böden. Die Pflanzen bevorzugen eine halbschattige Lage. Sie sind empfindlich gegenüber Trockenheit, in trockenen Sommern ist zu wässern.

Ringfleckenvirus

Gelbe Ringmuster auf den Blättern [1].

Bekämpfung siehe Seite 221.

Ilexminierfliege (*Phytomyza ilicis*)

An den Blättern zunächst kleine gelbe Einstichstellen, später helle, unregelmäßig geschlängelte, blasige Blattminiergänge der Fliegenmaden [2].

Befallene Blätter rechtzeitig entfernen. Bei stärkerem Befall ab Mitte Mai die jungen Larven mit Pyrethrum behandeln.

Weitere Krankheiten und Schädlinge:

Blattläuse siehe Seite 139
Schildläuse siehe Seite 148
Triebspitzenspanner siehe Seite 168

Juniperus, Wacholder

Die Pflanzen sind sehr tolerant gegenüber der Bodenreaktion, sie wachsen in sauren wie in alkalischen Böden. Sie sind widerstandsfähig und vertragen Hitze und Trockenheit. Besonders trichterförmig wachsende Arten sind empfindlich gegenüber Schneedruck.

Weißdorngitterrost (*Gymnosporangium clavariaeforme*)

Der Pilz verursacht bei *J. communis*

und *J. nana* spindelförmige Zweiganschwellungen. Später entstehen orangerote, zäpfchenförmige Sporenlager [3]. Im Sommer wechselt der Pilz auf Blätter und Früchte von *Crataegus* und *Amelanchier.*

⚚ Kranke Pflanzenteile entfernen. Die Sommer- und Winterwirte stärker voneinander trennen. Die Gesundung der Pflanzen kann durch eine chemische Bekämpfung unterstützt werden, siehe Seite 222.

Zweigsterben (*Kabatina juniperi*)

⚲ Einzelne Zweige, mitunter auch Haupttriebe, werden gelb und sterben ab [4]. Mit einer Lupe sind die dunklen Sporenlager des Pilzes gut zu erkennen.

Zweigsterben (*Phomopsis juniperovora*)

⚲ Absterben einzelner Zweige, besonders auch des Haupttriebes. Die Nadeln werden braun, später gelb [5]. Der Befall breitet sich auf die übrigen Zweige aus und führt bei jungen Pflanzen zum Absterben.

⚚ Kranke Pflanzenteile herausschneiden. Bei stärkerem Befall gesamte Pflanze entfernen. Für ein rasches Abtrocknen der Pflanzen durch bessere Licht- und Luftzufuhr sorgen. Nährstoffversorgung überprüfen. In Beständen kann die weitere Ausbreitung des Pilzes durch eine Benomyl-Spritzung im Frühjahr und im Herbst eingeschränkt werden.

Nadelholzspinnmilbe (*Oligonychus ununguis*)

⚲ Nadeln mit Saugstellen, später chlorotisch verfärbt. Die Nadeln fallen ab. An

4

5

1

2

den Trieben leben die Milben an feinen Spinnfäden [1]. Besonders bei Sommertrockenheit kommt es zu Massenvermehrungen der Milben.

☂ Bekämpfung siehe Seite 226.

Wacholderminiermotte (*Argyresthia trifasciata*)

🔍 Mehrere kleine Triebspitzen werden braun und fallen leicht ab [2]. An der Basis des verbräunten Triebes befindet sich ein kleines Bohrloch. Im Trieb miniert die 3 mm lange Raupe der Motte.

☂ Braune Triebspitzen abschneiden und entfernen. Bei starkem Befall kann der Einsatz eines Pyrethrum-Präparates im Juni erforderlich werden.

Weitere Krankheiten und Schädlinge:

Blattläuse siehe Seite 139
Raupen siehe Seite 168
Schildläuse siehe Seite 164

Laurus, Lorbeer

Sonnige, windgeschützte Standorte sind geeignet. Die Pflanzen sollten nicht ballentrocken werden, keinesfalls auf trockenen Ballen düngen. Zum Herbst müssen die Pflanzen gut ausreifen, daher nicht mehr nach Anfang August düngen. Die Überwinterung kann bei 3 – 5 °C erfolgen, bei höheren Temperaturen ist gut zu lüften.

Blattfloh (*Trioza alacris*)

🔍 Blätter der jüngsten Triebe nach unten eingerollt mit verdickten Blatträndern. In den Blattrollen leben die Larven des Blattflohs, geschützt durch Wachswollausscheidungen [3].

⛱ Befallene Pflanzenteile entfernen. Bei stärkerem Befallsdruck Anfang Mai, sobald sich die ersten Larven entwickeln, mit Mineralöl wiederholt im Abstand von zwei bis drei Wochen behandeln.

Schildläuse (Coccidae)

🔎 Weißliche oder gelblich-braune Höcker, besonders auf Trieben und Blattadern [4]. Mit einer Nadel lassen sich die Schildläuse meist vom Pflanzengewebe abheben.

⛱ An Einzelpflanzen kann man die Läuse mit einer alten Zahnbürste vom Pflanzengewebe ablösen und die Pflanzenteile sodann mit einem leicht ölgetränkten Wattebausch abreiben. Unter dem Ölfilm ersticken die Läuse. Bei mehreren Pflanzen oder stärkerem Befall sind Spritzbehandlungen mit Insektiziden (z. B. Mineralöl) erforderlich. Siehe Seite 225.

Weitere Krankheiten und Schädlinge:

Blattläuse siehe Seite 139
Spinnmilben siehe Seite 162

Mahonia, Mahonie

Anspruchsloses, niedrig wachsendes Blütengehölz. Volle Sonne wie auch Schattenlagen sind geeignete Standorte. Die Pflanzen vertragen auch starken Rückschnitt.

Echter Mehltau (*Erysiphe polygoni*)

🔎 Auf den Blattober- und Blattunterseiten sowie auch an den Blattstielen entsteht ein mehlig weißer Belag [5]. Auch die Blüten und Früchte werden befallen.

3

4

5

1

2

3

Unter dem Belag ist das Gewebe braun verfärbt.
⛱ Zur chemischen Bekämpfung siehe Seite 222.

Rostkrankheit (*Cumminsiella mirabilissima*)
🔍 Im Frühjahr blattunterseits gelbe Rostpusteln. Auf den Blättern im Sommer rote Flecken, die flächig ineinanderlaufen [1], blattunterseits hellbraune, im Herbst dunkelbraune Rostpusteln.
Die Pilzsporen werden durch die Luft verbreitet.
⛱ Kranke Pflanzenteile rechtzeitig entfernen. Zur chemischen Bekämpfung siehe Seite 222.

Weitere Krankheiten und Schädlinge:
Blattfleckenpilze siehe Seite 141

Myrtus, Myrte

Der Boden muß wasserdurchlässig sein. Geeigneter Winterstandort: luftig, hell, 6 – 8 °C. Bei zu kühler, nasser Kulturführung vergilben die Blätter und fallen ab.

Myrtenschütte (*Pseudocercospora myrticola*)
🔍 Blattoberseits rötliche bis dunkelbraune Blattflecken, blattunterseits graugrünlicher Sporenbelag. Die Blätter fallen ab [2].
⛱ Pflanzen hell und luftig stellen. Befallene Blätter beseitigen.

Schildläuse (Coccidae)
🔍 Weißliche oder gelblich-braune Höcker auf der Pflanzenoberfläche [3]. Mit einer

Nadel lassen sich die Schildläuse meist vom Pflanzengewebe abheben.

☂ An Einzelpflanzen kann man die Läuse mit einer alten Zahnbürste vom Pflanzengewebe ablösen und die Pflanzenteile sodann mit einem leicht ölgetränkten Wattebausch abreiben. Unter dem Ölfilm ersticken die Läuse. Bei mehreren Pflanzen oder stärkerem Befall sind Spritzbehandlungen mit Insektiziden (z. B. Mineralöl) erforderlich. Siehe Seite 225.

Nerium, Oleander

Im Sommer ist eine gleichmäßig gute Wasserversorgung sicherzustellen und gleichzeitig für guten Wasserabzug zu sorgen. Das Substrat sollte einen pH-Wert von 6 – 7,5 aufweisen. Möglichst hell und kühl überwintern.

Bakterielle Gallen (*Pseudomonas syringae* pv. *savastanoi*)

🔍 Auf den Blättern schwarze Flecken mit gelbem Rand. An den Zweigen Risse und krebsartige Wucherungen [4]. Bei starkem Befall werden Triebspitzen, Blüten und Fruchtstände schwarzbraun und sterben ab.

☂ Kranke Blätter sofort entfernen. Für rasches Abtrocknen der Blätter sorgen. Bei Pflanzenbeständen können gesunde Pflanzen durch Kupfer-Behandlungen vor einer weiteren Ausbreitung der Bakterien geschützt werden.

Phoma-Stengelfäule

🔍 Blätter verfärben, vergilben und verbräunen [5]. Das Kambium (Stengelquerschnitt) ist braun verfärbt.

☂ Befallene Pflanzenteile beseitigen.

1

2

3

Grauschimmel (*Botrytis cinerea*)

Das Gewebe wird wäßrig und weichfaul [1], bei hoher Luftfeuchte entsteht ein grauer Sporenrasen. Besonders im Herbst und im Frühjahr, wenn nach Frostperioden feuchtwarme Witterung einsetzt.

Alte Blätter und abgestorbenes Pflanzengewebe aus dem Bestand entfernen. In den Wintermonaten in Kulturräumen trocken kultivieren, Luftfeuchte herabsetzen, Taupunkttemperatur in der Nacht nicht unterschreiten. Zur chemischen Bekämpfung siehe Seite 223.

Blattläuse (Aphididae)

Blätter kräuseln und vergilben, bei starkem Befall klebriger Honigtau auf den Blättern. Darauf siedeln sich später schwarze Rußtau-Pilze an. [2]

Einzelkolonien der Läuse abschneiden und entfernen, biologische Pflanzenschutzmaßnahmen ergreifen (siehe Seite 224). Chemische Bekämpfung ebenfalls siehe Seite 224.

Schildläuse (Coccidae)

Weißliche oder gelblich-braune Höcker auf der Pflanzenoberfläche [3]. Mit einer Nadel lassen sich die Schildläuse meist vom Pflanzengewebe abheben.

An Einzelpflanzen kann man die Läuse mit einer alten Zahnbürste vom Pflanzengewebe ablösen und die Pflanzenteile sodann mit einem leicht ölgetränkten Wattebausch abreiben. Unter dem Ölfilm ersticken die Läuse. Bei mehreren Pflanzen oder stärkerem Befall sind Spritzbehandlungen mit Insektiziden (z. B. Mineralöl) erforderlich. Siehe Seite 225.

Rhododendron, Azaleen

Der Boden sollte sehr humos und gut wasserdurchlässig sein. Einige Sorten sind empfindlich gegenüber voller Sonne. Die Düngung sollte in schwachen Gaben erfolgen, bei zu starker Düngung kommt es sehr leicht zu Verbrennungen der Wurzeln.

Zu hoher pH-Wert

Die Pflanzen vergilben, zunächst sind die Triebspitzen aufgrund von Ernährungsstörungen aufgehellt [4].

Eine Bodenreaktion von pH 3,5 – 4,5 ist anzustreben. Die Düngung sollte in schwachen Gaben erfolgen. Die Kalzium-Versorgung ist mitunter schwierig, sie kann, um den pH-Wert nicht zu erhöhen, mit Gips erfolgen.

Kälteschaden

Die Blätter der jungen Triebe sind weißfleckig. [5] Im weiteren Kulturverlauf wächst das Schadbild wieder aus.

Plötzlichen Kälteeinbruch während der Jungpflanzenkultur vermeiden. Nicht zu spät stutzen, damit der junge Austrieb genügend abgehärtet ist.

Hexenbesen (Phytoplasmen)

Einzelne Triebe, manchmal auch die gesamte Pflanze, weisen einen stark vermehrten Austrieb der Seitenknospen auf [6].

Kranke Pflanzenteile abschneiden und entfernen.

Phytophthora-Stengelgrundfäule und -Zweigsterben

(*Phytophthora cactorum*)

Pflanzen welken. Vom Stengelgrund geht eine Fäulnis aus, die auch die unte-

4

5

6

ren Blätter erfassen kann [1]. Bei Rhododendron wird oft auch ein von den Knospen ausgehendes Zweigsterben beobachtet, dabei dringt der Pilz über die Blattstiele in die Blätter ein. Befallene Pflanzenteile sterben ab.

☂ Bekämpfung siehe Phytophthora-Wurzelfäule.

Wurzelfäule (*Phytophthora cinnamomi*)

🔍 Anfangs welken einzelne Triebe, später die ganze Pflanze. Sie wird stumpfgrau, vertrocknet, vergilbt und verbräunt [2]. Die Wurzeln faulen von der Wurzelspitze

ausgehend, der Wurzelballen ist verbräunt, während der Wurzelhals zu Beginn der Krankheit noch keine Verbräunung aufweist.

☂ Kranke Pflanzen und anhaftende Erde großzügig beseitigen. Keine für Phytophthora anfälligen Pflanzen nachpflanzen. Für guten Wasserabzug des Bodens sorgen. Bestände bei beginnendem Befall mit Aliette oder Fonganil Neu (nur in Großpackungen erhältlich) gießen.

Stammgrundfäule (*Cylindrocladium scoparium*)

🔍 Einzelne Triebe welken, vergilben, werden braun und sterben ab. Es kann auch zu Blattinfektionen kommen. [3] Die Pflanze welkt und verbräunt oft einseitig vom Stammgrund ausgehend. Die Wurzeln sind anfangs noch weiß, während der Wurzelhals verbräunt ist. Vergleiche auch Phytophthora-Wurzelfäule.

☂ Strenge Hygiene während der Pflanzenvermehrung einhalten, keine infizierten Kultureinrichtungen ohne Desinfekti-

4

5

on wiederverwenden. In Beständen bei beginnendem Befall mit Sportak (Nur in Großpackungen erhältlich. Verträglichkeit prüfen!) behandeln.

Zweigsterben (*Phytophthora citricola*)
🔎 Von den Knospen ausgehende Verbräunung und Absterben der Triebe bei Azaleen [4].
☂ Kranke Pflanzen entfernen. Flächen, auf denen befallene Pflanzen standen, nicht wieder für die Azaleenkultur verwenden.

Blattfleckenkrankheit (*Septoria azaleae, Gloeosporium, Cercospora, Cercoseptoria*)
🔎 Auf den Blättern dunkelgrauschwarze, scharf begrenzte Flecken mit violettem Rand. [5] Die Flecken trocknen ein und hellen auf. Auf den Flecken sind die schwarzen Fruchtkörper deutlich zu erkennen.
☂ Befallene Blätter entfernen, besonders großlaubige Sorten nicht zu eng pflanzen. Die Pflanzen nicht zu üppig mit Stickstoff versorgen. Größere Bestände bei Befallsgefahr in Schlechtwetterperioden mit Saprol Neu oder Dithane Ultra behandeln.

Ohrläppchenkrankheit (*Exobasidium vaccinii* var. *japonicum*)
🔎 Einzelne Blatteile gallenartig angeschwollen [6], auf den Gallen bildet sich ein weißer Sporenbelag.
☂ Befallene Blätter absammeln und beseitigen.

6

Grauschimmel (*Botrytis cinerea*)

Fäule an Blüten und Knospen. Das Gewebe wird wäßrig und weichfaul [1], bei hoher Luftfeuchte entsteht ein grauer Sporenrasen. Bei eng stehenden Jungpflanzen, weichen Trieben und Stutzstellen kann es auch zu Fäulnis an Blättern und Trieben kommen. Besonders im Herbst und im Frühjahr, wenn nach Frostperioden feuchtwarme Witterung einsetzt.

Alte Blätter und abgestorbenes Pflanzengewebe aus dem Bestand entfernen. In den Wintermonaten in Kulturräumen trocken kultivieren, Luftfeuchte herabsetzen, Taupunkttemperatur in der Nacht nicht unterschreiten. Zur chemischen Bekämpfung siehe Seite 223.

Knospensterben (*Pycnostysanus azaleae*)

Rhododendron-Blütenknospen sind trocken braun verfärbt. Auf den vertrockneten Knospen entwickeln sich kleine gestielte Sporenlager [2].

Vertrocknete Knospen absammeln, ehe die Sporenlager des Pilzes entstehen. Rhododendron-Zikaden bekämpfen. Durch die Eiablage der Zikaden wird der Pilz in den Knospenhals übertragen.

Blütenfäule (*Ovulinia azaleae*)

An Blüten von Azaleen kleine Faulstellen, die sich innerhalb weniger Stunden vergrößern und nach ein bis zwei Tagen zur Fäulnis der gesamten Blüte führen. In dem faulen Blütengewebe entstehen in kurzer Zeit einige Millimeter große schwarze Dauerkörper (Sklerotien) des Pilzes [3]. Die Krankheit ist mit der *Botrytis*-Fäule zu verwechseln. Sie schreitet jedoch wesentlich schneller voran.

☂ Krank erscheinende Blütenknospen sofort entfernen. Keine Sklerotien entstehen lassen. Zum Schutz vor einer weiteren Ausbreitung der Krankheit befallene Bestände mit Rovral spritzen.

Spinnmilben (*Tetranychus urticae*)

⚲ Auf Blättern weißgelbe Sprenkel, später flächige Aufhellungen und Vertrocknen der Blätter. Die 0,2 – 0,5 mm großen Milben leben blattunterseits im Schutz zarter Gespinste [4].

☂ Befallene Pflanzenteile entfernen. Hohe Temperaturen und trockene Luft fördern den Befall. Zur Bekämpfung siehe Seite 226.

Triebspitzenmilben (*Tarsonemus* sp.)

⚲ Einzelne Triebe oder Pflanzen von Azaleen nesterweise im Wuchs verringert. Blätter der Triebspitzen kleiner, verdickt und verhärtet. Bei starkem Befall werden die Knospen trocken und braun [5]. Die kleinen Milben leben in den Knospen und im Boden, sie können sich bei feucht-warmer Witterung rasch vermehren.

☂ Befallene Pflanzen beseitigen. Bestände durch eine Rody-Behandlung vor einer weiteren Ausbreitung der Milben schützen.

Dickmaulrüßler (*Otiorrhynchus sulcatus*)

⚲ Das Auftreten der Käfer ist am Buchtenfraß an den Blättern zu erkennen [6]. Den eigentlichen Schaden verursachen die Larven durch Fraß an den Wurzeln. Die Larven sind weiß mit brauner Kopfkapsel, bauchseits gekrümmt und bis zu 12 mm groß.

4

5

6

1

2

3

🌂 Der Einsatz insektenpathogener Nematoden (*Steinernema carpocapsae* oder *Heterorhabditis* sp.) hat sich bewährt. Je nach Befallsstärke werden 250 – 500 000 Nematoden pro m² bzw. 4 000 Nematoden pro Liter Substrat gegossen. Die Bodentemperatur muß mindestens 13 °C betragen, auf gleichmäßige Bodenfeuchte ist zu achten.

Azaleenmotte (*Gracillaria azaleella*)

🔍 Die Blätter sind eingerollt, es entstehen Gangminen im Blatt [1]. Später Fensterfraß an versponnenem Blatt.

🌂 Bekämpfung siehe Seite 225.

Azaleenwickler (*Acalla schalleriana*)

🔍 Fensterfraß, bei älteren Raupen auch Lochfraß an locker versponnen Knospen, Blättern und Blüten. Keine Gangminen [2].

🌂 Bekämpfung siehe Seite 225.

Blattläuse (Aphididae)

🔍 Blätter kräuseln und vergilben [3], bei starkem Befall klebriger Honigtau auf den Blättern.

🌂 Einzelkolonien der Läuse abschneiden und entfernen, biologische Pflanzenschutzmaßnahmen ergreifen, siehe Seite 224. Chemische Bekämpfung ebenfalls siehe Seite 224.

Rhododendron-Hautwanze
(*Stephanitis* spp.)

🔍 Hellgrüne bis gelbliche Blattsprenkelungen, helle, später braun werdende Flecken [4]. Die Kotmasse der unter den Blättern lebenden zahlreichen Wanzen ist zähflüssig, später dunkelbraun und zu Krusten eingetrocknet [5].

4

5

⛱ Ende Mai bis Anfang Juli sind die Bestände gut zu kontrollieren und bei Befall zu behandeln.

Thripse (*Frankliniella occidentalis*)
⚲ Junge Blätter von Azaleen deformiert, Vegetationskegel verkrüppelt. Blüten mit Stippen, Blütenränder verbräunt [6]. In den Blüten, besonders in den Staubgefäßen starke Vermehrung der Thripse.
⛱ Befallene Pflanzenteile beseitigen. Bestände mit Blautafeln auf Befall kontrollieren. Die Kontrolle ist bei Jungpflanzen besonders wichtig, da wenige Tiere zu Verkrüppelungen führen. Zur Tilgung eines Befalls ist der frühe, wiederholte Einsatz von Insektiziden erforderlich, siehe Seite 226.

6

1

2

3

Rhododendron-Zikaden
(*Graphocephala coccinea*)

🔎 Blattoberseits weißlich-gelbe Flecken, blattunterseits bräunliche Verfärbungen. Im Mai gelbliche Larven und weiße Häutungsreste unter den Blättern. Die adulten Tiere haben grün-braune, metallisch glänzende Flügeldecken, sie sind auch blattoberseits zu beobachten [1].

Die Zikaden stechen auch den Knospenhals der Pflanzen an und übertragen dabei die Knospenfäule *Pyknostysanus.*

☂ Tritt die Knospenfäule auf, so sind Behandlungen gegen Zikaden mit Kaliseife (Neudosan) oder mit Präparaten vorzunehmen, die Pyrethrum bzw. Piperonylbutoxid enthalten.

Blattälchen (*Aphelenchoides fragariae, A. ritzemabosi*)

🔎 Zunächst gelbe, später braune, eckige Blattflecken, von den Blattadern scharf begrenzt [2].

Die Nematoden leben im Blattgewebe von Azaleen, sie können sich bei häufiger Blattbenetzung im Wasserfilm auf dem Blatt und an der Pflanze rasch verbreiten.

☂ Befallene Pflanzenteile entfernen und die Kulturführung trockener gestalten. Eine Blattbenetzung ist zu vermeiden. Keine Pflanzenteile von kranken Pflanzen für Vermehrungen verwenden.

Weiße Fliege (*Trialeurodes vaporariorum, Bemisia tabaci*)

🔎 Auf den Blattunterseiten von Azaleen 2–3 mm große Mottenschildläuse mit weißen Flügeln und ungeflügelten hellgelben Larvenstadien [3]. Die Flügel stehen bei *Bemisia* steiler dachförmig über dem Hinterleib als bei *Trialeurodes*. Bei

stärkerem Befall vergilben die Blätter. Es entsteht ein klebriger Honigtaubelag.
☂ Siehe Seite 226.

Rosa, Rosen

Geeignete Standorte sind leichte bis mittelschwere Böden mit neutraler bis schwach saurer Reaktion in voller Sonne. Alte Rosenbeete nicht wieder mit Rosen bepflanzen. Die Entwicklung freilebender Wurzelnematoden führt zu langsam abnehmender Wuchsleistung, sie prägt sich in Beständen meist nestartig aus. Diesen Nematoden kann durch Zwischenpflanzung von *Tagetes* entgegengewirkt werden. Unterpflanzung von Lavendel bietet einen Schutz gegen Blattlausbefall.

Triebsterben durch Frost
🔎 Einzelne Triebe welken, vergilben und sterben ab. Das Mark des Triebes ist braun verfärbt [4].

4

☂ Ursache des Triebsterbens ist die Einwirkung zu tiefer Temperaturen im Winter. Die Triebe können im Laufe des Sommers noch absterben.

Virosen (Nekrotisches Ringfleckenvirus der Kirsche, Rosenmosaikvirus)
🔎 Chlorotische Linien, Ring- und Mosaikmuster im Blatt [5], Adernverfärbungen, Scheckungen und Blattdeformationen. Der Wuchs befallener Pflanzen ist reduziert.

5

1

2

3

4

Befallene Pflanzen beseitigen. Siehe Seite 221.

Bakterielle Krebswucherungen (*Agrobacterium tumefaciens*)
An Wurzeln und bodennahen Zweigen Risse und krebsartige Wucherungen [1].
Kranke Pflanzen oder Pflanzenteile entfernen.

Botrytis-Stengel-, Blüten- und Knospenfäule (*Botrytis cinerea*)
Bei feuchter Witterung faulen Blüten und Knospen unter graubrauner Verfärbung. In den Herbst- und Wintermonaten befällt der Pilz auch Zweige [2].
Abgestorbene Pflanzenteile aus dem Bestand entfernen. Standorte auswählen, die besonders im Frühjahr rasch abtrocknen. Nur mäßig Stickstoff düngen. Besonders bei Frost, während des Austriebes, ist in Ertragsanlagen eine Spritzbehandlung mit Euparen zu empfehlen, damit die jungen Pflanzenteile geschützt sind.

Echter Mehltau (*Sphaerotheco pannosa* var. *rosae*)
Besonders auf Blattoberseiten sowie an Knospenstielen und Knospen entsteht ein mehlig weißer Belag [3]. Auch die Blüten werden befallen. Unter dem Belag ist das Gewebe braun verfärbt.
Zur chemischen Bekämpfung siehe Seite 222.

Falscher Mehltau (*Pseudoperonospora sparsa*)
Blattoberseits rot-violett gefärbte, scharfkantige Flecken [4], blattunterseits bei hoher Luftfeuchte ein schmutzig

weißer Sporenbelag. Der Pilz tritt besonders in Kulturräumen auf, kommt aber in den letzten Jahren auch häufiger an Freilandrosen vor.
In Kulturräumen Luftfeuchte kontrollieren, nachts die Taupunkttemperatur nicht unterschreiten, häufiges Befeuchten der Blätter vermeiden. Bei ausgepflanzten Beständen für gute Belüftung der Pflanzen sorgen. Kranke Pflanzenteile möglichst entfernen. Siehe Seite 7f.

Rostkrankheit (*Phragmidium mucronatum*)
Auf den Blättern gelblich-rote Flecken, blattunterseits zunächst gelbe, im Herbst schwarze Rostpusteln [5]. Befallene Blätter fallen vorzeitig ab.
Die Pilzsporen werden durch die Luft verbreitet.

1

2

3

⛱ Untere kranke Blätter rechtzeitig entfernen. Abgefallenes Laub im Herbst sorgfältig beseitigen. Zur chemischen Bekämpfung siehe Seite 222.

Sternrußtau (*Diplocarpon rosae*)

🔍 Im Blatt schwarzbraune, sternförmige Flecken [1]. Befallene Blatteile vergilben und fallen ab.

⛱ Abgefallenes Laub beseitigen, in den Blättern überdauert der Pilz und befällt vom Boden ausgehend den neuen Austrieb im Folgejahr. Bei Neupflanzungen widerstandsfähige Sorten auswählen. Bei Befall ist eine wiederholte chemische Bekämpfung ab Mai erforderlich, siehe Seite 222.

Phomopsis-Rindenbrand, Gnomonia-Rindenbrand, Coniothyrium-Rindenflecken, Rindenflecken oder Rindenbrand

🔍 Die Rinde der Triebe weist dunkle, grau-braune bis rötlichbraune, mitunter violett umrandete Flecken auf. Die Rinde wird trocken und reißt ein [2]. Die Triebe oberhalb der Befallsstelle verkümmern und sterben ab.

⛱ Kranke Pflanzenteile bis ins gesunde Holz zurückschneiden. Triebe im Herbst gut ausreifen lassen, nicht zu spät und kaliumbetont düngen. Bei Befall im Frühjahr vor dem Austrieb mit Kupferpräparaten behandeln.

Spinnmilben (*Tetranychus urticae* u. a.)

🔍 Auf Blättern weißgelbe Sprenkel, später flächige Aufhellungen und Vertrocknen der Blätter [3]. Die 0,2 – 0,5 mm großen Milben leben blattunterseits im Schutz zarter Gespinste.

Befallene Pflanzenteile entfernen. Hohe Temperaturen und trockene Luft fördern den Befall. Zur Bekämpfung siehe Seite 225.

Aufwärts- und abwärtssteigender Rosentriebbohrer (*Blennocampa elongatula* und *Ardis brunniventris*)

Beim abwärtssteigenden Triebbohrer kümmert der Trieb, er welkt und stirbt ab. Am Trieb ist ein braunes Bohrloch sichtbar. Beim Stengellängsschnitt zeigt sich im Mark des Triebes ein braun verfärbter, aufwärts oder abwärts führender Fraßgang, an dessen Ende die 12 – 15 mm lange, weiße Larve des Triebohrers zu erkennen ist [4].

Blattwanzen (Miridae)

Knospen und junge Triebe verkrüppeln. Auf den Blättern anfangs gelbe, später braune Flecken [5], die beim weiteren Wachstum des Blattes aufreißen. Je nach Befallszeitpunkt ist das Blattgewebe durchlöchert.

Eine Bekämpfung ist nur bei starkem Befall in Beständen oder bei hohem Befallsdruck aus Wiesen erforderlich. Behandlungen müssen morgens vorgenommen werden, solange die Tiere aufgrund der niedrigen Temperaturen noch flugunfähig sind. Chemische Bekämpfung siehe Seite 225.

Blattläuse (Aphididae)

Besonders an Jungtrieben zahlreiche Läuse in Kolonien [6]. Der Austrieb verkrüppelt, Blätter kräuseln und vergilben, bei starkem Befall klebriger Honigtau auf den Blättern.

Einzelkolonien der Läuse abschneiden

4

5

6

und entfernen, biologische Pflanzenschutzmaßnahmen ergreifen, siehe Seite 224. Chemische Bekämpfung ebenfalls siehe Seite 224.

Blattrollwespe (*Blennocampa pusilla*)
⚲ Blätter im Mai röhrenförmig um die Mittelrippe eingerollt [1]. In der Röhre entwickelt sich eine 8 – 9 mm lange, grüne Wespenlarve.
☂ Gerollte Blätter sofort entfernen.

Blattwespen (*Caliroa aethiops* u. a.)
⚲ Skelettierfraß an den Blättern [2], so daß nur die Blattadern verbleiben. Daran 6 – 10 mm lange, grüne Larven. In einigen Jahren treten die Blattwespen stärker auf.
☂ Befallene Pflanzenteile entfernen.

Rosengallwespen (*Diplolepis rosae*)
⚲ Schlafäpfel, an Trieben grünlich-gelbe oder rötliche Gallen [3]. In den Gallen leben etwa 0,5 cm große, weiße Larven.
☂ Gallen im Winter herausschneiden.

Rosenzikade (*Typhlocyba rosae*)
⚲ Blattoberseiten sind weißlich-gelb verfärbt [4], blattunterseits schmale, etwa 3 mm lange, blattlausähnliche Larven mit dachförmiger Flügelstellung.
☂ Stark befallene Triebe entfernen. Chemische Bekämpfung siehe Seite 225.

Schildläuse (*Coccidae*)
⚲ Weißliche oder gelblich-braune Höcker auf der Pflanzenoberfläche [5]. Mit einer Nadel lassen sich die Schildläuse meist vom Pflanzengewebe abheben.
☂ An Einzelpflanzen kann man die Läuse mit einer alten Zahnbürste vom Pflan-

4

5

zengewebe ablösen und die Pflanzenteile sodann mit einem leicht ölgetränkten Wattebausch abreiben. Unter dem Ölfilm ersticken die Läuse. Bei mehreren Pflanzen oder stärkerem Befall sind Spritzbehandlungen mit Insektiziden (z.B. Mineralöl) erforderlich. Siehe auch Seite 225.

Thripse (*Frankliniella occidentalis, Thrips tabaci*)

⚲ Junge Blätter deformiert, Vegetationskegel verkrüppelt. 6 Blüten mit Stippen, Blütenränder verbräunt. In den Blüten, besonders in den Staubgefäßen starke Vermehrung der Thripse.

☂ Befallene Pflanzenteile beseitigen. Unterglas-Bestände mit Blautafeln auf Be-fall kontrollieren. Die Kontrolle ist bei Jungpflanzen besonders wichtig, da wenige Tiere zu Verkrüppelungen führen. Bei Freiland-Beständen ist nur nach Massenvermehrungen eine Bekämpfung erforderlich. Zur Tilgung eines Befalls ist der frühe, wiederholte Einsatz von Insektiziden erforderlich, siehe Seite 226.

6

1

2

3

Weitere Krankheiten und Schädlinge: Wurzelälchen, Bodenuntersuchung erforderlich

Syringa, Flieder

Nährstoffreiche, schwach alkalische Standorte in voller Sonne sind hervorragende Standorte des Flieders. Nicht zu spät düngen, damit die Pflanzen im Herbst gut ausreifen.

Ringfleckenmosaik, Gelbringfleckenvirus, Fliederweißmosaik

🔍 Blätter mit chlorotischen, teils auch nekrotischen Linien und Ringmustern. Deformierte junge Blätter, mosaikartige Blattverfärbungen [1].

☂ Bekämpfung siehe Seite 221.

Fliederseuche (*Pseudomonas syringae*)

🔍 Rinde an jüngsten Trieben streifig braun, später dunkel verfärbt. Triebe welken, faulen und knicken ab. Flecken auf den Blättern zunächst hell und wasserdurchtränkt. Triebspitzen und Blätter verfärben sich braun und trocknen ein [2].

☂ Bekämpfung siehe Seite 221.

Hallimasch-Wurzel- und Stammfäule (*Armillaria* spp.)

🔍 Pflanze kümmert und stirbt ab. Im Herbst am Stammgrund braune Hutpilze. Wurzeln und Holz des Stammes weißfaul. Unter der Rinde weißes, flächiges Pilzmyzel oder schwarzbraune Pilzstränge (Rhizomorphe) [3].

☂ Kranke Pflanzen mit umgebender Erde vorsichtig entfernen. Alte Baumstümpfe beseitigen. Keine anfälligen Pflanzen

nachpflanzen. Die Ausbreitung der Rhizomorphen im Boden eventuell durch Eingraben senkrechter Trennstreifen unterbinden.

Ascochyta-Blattfleckenkrankheit und Trieberkrankung (*Ascochyta syringae*)

Blätter mit bis zu 2 cm großen, aschgrauen, gezonten Flecken mit braunem Rand. Das verbräunte Gewebe trocknet ein und reißt auf [4]. Dringt der Pilz in die Jungtriebe ein, so welken sie, verfärben sich braun und sterben ab.

Kranke Pflanzenteile sofort abschneiden. Bei Infektionsgefahr im Frühjahr mit Kupferpräparaten spritzen.

Echter Mehltau (*Oidium syringae*)

Auf Blattober- und besonders Blattunterseiten sowie auch an den Blattstielen entsteht ein mehlig weißer Belag [5]. Unter dem Belag ist das Gewebe braun verfärbt.

Bekämpfung siehe Seite 222.

Welke- und Knospenkrankheit (*Phytophthora syringae, P. cactorum*)

Die Blätter der gesamten Krone sind aufgehellt und welken. Rinde und Holz der Stammbasis sind braun verfärbt. Bei nasser Witterung treten auch braunschwarze Blattflecken auf [6]. Oftmals wird die Triebspitze mit einigen Knospenpaaren befallen. Soeben ausge-

1

2

triebene Blütenstände verbräunen und sterben ab.
⚕ Bekämpfung siehe Seite 223.

Großer Frostspanner (*Erannis defoliaria*)
Kleiner Frostspanner (*Operophthera brumata*)
⚲ Fraßschäden an Blättern und Trieben zahlreicher frisch austreibender Laubgehölze. An den Blättern kleine, grüne Spannerraupen [1].
⚕ An gefährdeten Bäumen Anfang November Leimringe (im Handel erhältlich) anbringen. Räupchen absammeln. Nistkästen für Vögel aufhängen. Ein Meisenpaar trägt zur Aufzucht der Brut bis zu 30 kg Raupen ein. Bei starkem Befall an jungen Pflanzen *Bacillus thuringiensis* einsetzen, siehe Seite 225.

Fliedermotte (*Xanthospilapteryx syringella*)
⚲ Grünweißliche Larven der Motte fressen zunächst hellgrün durchscheinende, später braun werdende, blasige Blattminiergänge. Befallene Blatteile vertrocknen, sind eingeschnürt und gewellt [2]. Später rollen die Larven die Blattspitzen anderer Blätter nach unten ein und verspinnen diese zu einem Blattwickel, in dem sich die Raupen verpuppen.
⚕ Befallene Blätter möglichst entfernen. Biologische Bekämpfungsmaßnahmen mit *Bacillus thuringiensis* können vorgenommen werden, sobald die ersten hellen Blattminen auftreten, siehe Seite 225.

Fliederknospenrüßler (*Otiorrhynchus lugdunensis*)
⚲ Knospen im Frühjahr von der Spitze her angefressen. Nachtaktive etwa 12 mm lange, dunkle, Käfer mit rotbraunen Beinen.
⚕ Befallen Knospen umgehend abschneiden. Käfer nachts absammeln.

Thuja, Lebensbaum

Der Boden sollte durchlässig sein und schwach sauer bis alkalisch reagieren. Die sonst widerstandsfähigen Pflanzen sind empfindlich gegen Luft- und Bodentrockenheit, Tropfenfall, Wurzeldruck und Streusalz.

Thujaminiermotte (*Argyresthia thuiella*)

⚲ Mehrere kleine Triebspitzen werden braun und fallen leicht ab [3]. An der Basis des verbräunten Triebes befindet sich ein kleines Bohrloch. Im Trieb miniert die 3 mm lange Raupe der Motte.

☂ Braune Triebspitzen abschneiden und entfernen. Bei starkem Befall kann der Einsatz eines Pyrethrum-Präparates zwischen Mitte Mai und Mitte Juni erforderlich werden.

Thujalaus (*Cinara cypressi*)

⚲ An den Trieben saugen relativ große Blattläuse [4]. Die Schuppen fallen ab. Die starke Ausscheidung von Honigtau hat eine Schwärzung durch Rußtaupilze zur Folge.

☂ Bekämpfung siehe Seite 224.

Weitere Krankheiten und Schädlinge:

Didymascella-Nadelbräune, Kabatina-Zweigsterben siehe Seite 135
Schildläuse siehe Seite 148

Vinca, Immergrün

Anspruchsloser Bodendecker, der sowohl in voller Sonne, als auch im Schatten auf fast allen Böden gut gedeiht.

Blatt- und Stengelfäule (*Myrothecium roridum*)

⚲ Triebe, Blattstiel und Blattgrund mit wassergetränkten, schwarzen Faulstellen. Absterben zunächst einzelner Triebe [5]. Im Bestand breitet sich der Befall nesterweise aus.

☂ Befallene Pflanzen entfernen, Luftfeuchte herabsetzen, Tropfstellen beseitigen. In Beständen müssen diese Maßnahmen durch gezielte, wiederholte Spritzbehandlungen (z. B. mit Rovral) unterstützt werden.

Stengelfäule und Blatterkrankung
(*Phoma exigua*)

🔍 Zunächst welken und verfärben sich einzelne Triebe [1], später kommt es zu herdförmigem Absterben der Pflanzen. Der Befall geht vom Stengelgrund aus, der sich schwarzbraun verfärbt. Auf den Faulstellen sind kleine, schwarze Fruchtkörper des Pilzes.

☂ Befallene Pflanzen beseitigen. Andere Bodendecker nachpflanzen.

Rostkrankheit (*Puccinia vincae*)

🔍 Auf den Blättern eingesunkene, helle Flecken, blattunterseits zahlreiche kleine, braune Rostpusteln. Die Blätter sind gewellt und gerollt [2].

Die Pilzsporen werden durch die Luft verbreitet.

☂ Untere kranke Blätter rechtzeitig entfernen. Für ein gutes Abtrocknen des Bestandes sorgen.

Zur chemischen Bekämpfung siehe Seite 222.

Krankheiten und Schädlinge an Obstpflanzen

Apfel

Durch richtige Kombination von Unterlage und Edelsorte können ungünstige Klima- oder Bodenbedingungen weitgehend ausgeglichen werden. Zu hohe und relativ späte Stickstoffgaben sind zu vermeiden. Ausreichender Abstand und ein sachgerechter Baumschnitt, der möglichst viel Licht und Luft in das Kroneninnere bringt, sind wichtige Voraussetzungen für gesunde Bäume.

1

Stippigkeit (Kalziummangel)
🔎 Die Früchte weisen unter der Schale kleine braune Flecken (Stippen) auf [1], die teilweise auch durch die Schale zu erkennen sind.
☂ Für ausreichende Kalziumversorgung des Bodens (Bodenuntersuchung!) sorgen. Auf gleichmäßige Wasserversorgung und ausgewogene Düngung achten. Spritzen mit Antistipp (Kalziumchlorid) nach Gebrauchsanleitung.

2

Apfelmosaik-Virus
🔎 Blätter mit gelben, mosaikartigen Flecken, gelblichweißen Ringen oder Linien [2].
☂ Nur virusgetestete Jungpflanzen verwenden. Direkte Bekämpfung nicht möglich, siehe Seite 221.

Triebsucht, Besentriebigkeit
(Phytoplasmen)
Durch verstärkten Austrieb der Seitenknospen besenartige Triebe [1]. Nebenblätter abnorm vergrößert, kleinere Früchte und vorzeitiger Austrieb.
Nur getestete Jungpflanzen verwenden. Junge Bäume möglichst umgehend entfernen und durch gesunde (getestete) ersetzen, siehe Seite 221.

1

Feuerbrand (*Erwinia amylovora*)
Blüten, später auch Blätter färben sich braun-schwarz. Sie bleiben wie verbrannt an den Trieben hängen. Triebspitzen krümmen sich [2]. Bei hoher Feuchte auf den Befallsstellen Bakterienschleimtröpfchen. Auch an Birne, Quitte, Feuerdorn, Weißdorn, Scheinquitte u. a.
Die Krankheit ist meldepflichtig, deshalb bei Befallsverdacht sofort Pflanzenschutzdienst (siehe Seite 228) oder Ordnungsamt verständigen. Nach Anweisung der Behörde werden befallene Pflanzen gerodet oder zumindest kräftig zurückgeschnitten. Eine chemische Bekämpfung ist nicht möglich, siehe Seite 221.

2

3

Kragenfäule (*Phytophthora cactorum*)
Meist von Veredlungsstelle ausgehende, später den ganzen Stamm umfassende Rindenfäule [3]. Kümmerwuchs, vorzeitiger Laubfall und Ertragsminderungen. Vor allem an 8- bis 15jährigen Bäumen.
Veredlungsstelle freihalten. Verletzungen vermeiden. Fallobst entfernen, da sich der Schadpilz darin stark vermehrt. Resistente Sorten bzw. Unterlagen verwenden.

Apfelmehltau (*Podosphaera leucotricha*)

🔍 Triebspitzen oder Blütenbüschel mit weißlichem, mehligem Pilzrasen [4]. Blätter eingerollt, meist aufrecht stehend. Später färben sie sich braun und fallen ab.

☂ Befallene Triebspitzen (im Winter an spelzigen Knospen erkennbar) zurückschneiden. Bei stärkerem Befall mehrfache Spritzungen mit Baycor Spritzpulver oder Netzschwefel 80WP.

Apfelschorf (*Venturia inaequalis*)

🔍 Blätter mit olivgrünen, später braunschwarzen Flecken. Früchte je nach Infektionszeitpunkt mit kleinen, punktartigen, schwarzen Fleckchen oder größeren, grünlichbraunen, samtartigen Flecken [5]. Bei Frühinfektionen reißt die Fruchtschale auf, die Früchte werden rissig und verkorken.

☂ Weniger anfällige Sorten wählen. Im Hausgarten Fallaub entfernen, auf dem der Schorfpilz überwintert. Spritzbehandlungen mit z. B. Baycor Spritzpulver, Antracol WG, Euparen WG oder Dithane Ultra sollten nur nach Warnmeldungen des Pflanzenschutzdienstes (siehe Seite 228) entsprechend der Witterung durchgeführt werden.

Obstbaumkrebs (*Nectria galligena*)

🔍 Meist von Wunden ausgehend stirbt die Rinde ab und sinkt ein. Durch Wundheilungsprozesse kommt es zu wulstartigen Krebsstellen [6]. Oberhalb der Krebsstellen kümmern die Triebe und sterben schließlich vollständig ab.

☂ Krebsstellen sorgfältig ausschneiden, besser ganze Zweige entfernen. Wunden sorgfältig glattschneiden und mit einem

4

5

6

Wundverschlußmittel behandeln. „Blattfallspritzungen“ im Herbst mit Kupferspritzmitteln (z. B. Funguran) zum Schutz der Blattnarben (Eintrittspforten) können das Infektionsrisiko mindern.

Polsterschimmel (*Sclerotinia fructigena*)

An reifenden Früchten braune Faulstellen mit konzentrischen Ringen von hellen Pilzpolstern (Sporenlager) [1].

Faule Früchte und überwinternde Fruchtmumien entfernen. Schutz vor Hagelschlag oder Insektenfraß, da die Infektion meist über Wunden erfolgt. Spritzungen nur in Ausnahmefällen (z. B. Baycor Spritzpulver).

Spinnmilben (*Panonychus ulmi* u. a.)

Zunächst helle Sprenkelung, später bronzeartige Färbung der Blätter, die schließlich vertrocknen und abfallen. Blattunterseits sehr kleine (etwa 0,5 mm) Milben. Die häufigste Art, die Obstbaumspinnmilbe (Rote Spinne), ist ziegelrot gefärbt und bildet kaum Gespinste. Die roten Wintereier der Obstbaumspinnmilbe [2] findet man mit der Lupe im Winter und im zeitigen Frühjahr besonders in Zweiggabeln oder am Fruchtholz.

Bei Verzicht auf breit wirksame Insektizide können sich die natürlichen Feinde der Spinnmilben (Raubmilben, Raubwanzen u. a.) meist so stark vermehren, daß eine Bekämpfung nicht erforderlich wird. Notfalls Spritzbehandlungen mit Neudosan oder Spruzit flüssig. Bei starkem Wintereierbesatz Austriebsspritzung mit Promanal Neu oder Telmion.

Grüne Apfelblattlaus (*Aphis pomi*)

🔍 Jungtriebe, Blattstiele und Blattunterseiten oft dicht mit grünen Blattläusen besetzt [3]. Blätter rollen sich ein. Bei starkem Befall können Jungtriebe absterben. Verschmutzung der Pflanzen durch die zuckerhaltigen Ausscheidungen (Honigtau) und schwarze Rußtaupilze, die sich darauf ansiedeln. Im Winter an Fruchtholz und Triebspitzen schwarz glänzende Wintereier.

☂ Normalerweise halten Nützlinge wie Florfliegenlarven oder Marienkäfer die Blattläuse in Grenzen. Bei geringem Nützlingsbesatz notfalls mehrfach Spritzbehandlungen mit Neudosan, Blattlausfrei Pirimor G oder Spruzit flüssig. Bei starkem Wintereierbesatz Austriebsspritzung mit Promanal Neu oder Telmion.

Mehlige Apfelblattlaus (*Dysaphis plantagineus*)

🔍 Rötlichgraue bis schwarze, später weiß bepuderte Läuse. Blätter rollen sich ein, Triebe verkümmern und Früchte sind verkrüppelt [4]. Bei starkem Befall können Jungtriebe absterben. Verschmutzung der Pflanzen durch die zuckerhaltigen Ausscheidungen (Honigtau) und schwarze Rußtaupilze, die sich darauf ansiedeln.

☂ Bekämpfung siehe Grüne Apfelblattlaus.

Apfelfaltenlaus (*Dysaphis devecta*)

🔍 Auffällige, anfangs gelbe, später rötliche Blattfalten [5], in denen dunkle oder weißbepuderte Läuse zu finden sind.

☂ Auch bei relativ starkem Besatz kommt es in der Regel nicht zu größeren Schäden, so daß gezielte Behandlungen nicht erforderlich sind (siehe Grüne Apfelblattlaus).

4

5

Blutlaus (*Eriosoma lanigerum*)

🔍 Dunkle Läuse unter weißen, wolligen Wachsausscheidungen (Bild [1], Seite 176) verursachen krebsartige Wucherungen an Trieben (Blutlauskrebs).

☂ Wegen Parasitierung durch die Blutlauszehrwespe (*Aphelinus mali*) ist meist keine Bekämpfung erforderlich. Ausnahmsweise Befallsstellen herausschnei-

den oder gezielte Spritzbehandlungen mit z. B. Rogor.

Apfelblütenstecher (*Anthonomus pomorum*)

Der nur 4 mm große Rüsselkäfer [2] legt im Frühjahr je ein Ei in die Blütenknospen, die sich durch die Fraßaktivität der daraus schlüpfenden Larve nicht öffnen und vertrocknen. Im Sommer schlüpft der Käfer, der keinen Schaden verursacht und nach der Überwinterung an geschützten Stellen im kommenden Frühjahr wieder Blütenknospen mit Eiern belegt.

Im Hausgarten ist eine gezielte Bekämpfung in der Regel nicht erforderlich, da eine gewisse Ausdünnung des Blütenansatzes sogar erwünscht ist.

Apfelwickler (*Cydia pomonella*)

Die als Obstmade bekannte Raupe erzeugt im Innern der Früchte einen Fraßgang mit Kotresten [3]. Die Früchte fallen vorzeitig ab und weisen ein Bohrloch auf.

Kontrolle mit Pheromonfallen und Spritzbehandlungen mit z. B. Schädlingsvernichter Decis termingerecht (Mai-Juni) nach Warndiensthinweisen des Pflanzenschutzdienstes, siehe Seite 228.

Fruchtschalenwickler (*Adoxophyes reticulana* u. a.)

Überwinternde Raupe erzeugt „Naschfraß" am frischen Austrieb. Die neue Raupengeneration spinnt Blätter an Früchte [4] und verursacht darunter oberflächigen Schabefraß.

Kontrolle und Bekämpfung siehe Apfelwickler.

Apfelsägewespe (*Hoplocampa testudinea*)
Junge Früchte werden ausgehöhlt und fallen ab. Sägewespenlarven wandern von Frucht zu Frucht (daher Ein- und Ausbohrlöcher an Einzelfrüchten). Junglarven verursachen spiralförmigen, verkorkenden Miniergang unter Fruchtschale 5.
Nur bei wiederholt starkem Befall Spritzbehandlungen zum Ende der Blüte (Pflanzenschutzdienst befragen, siehe Seite 228).

4

Weitere Krankheiten und Schädlinge:
Viren
Gummiholzkrankheit
Wurzelkropf siehe Seite 180
Frostspanner siehe Seite 181

5

Birne

Im Vergleich zum Apfel stellt die wärmebedürftige Birne höhere Ansprüche an den Standort. Spätfröste und naßkalte Witterungsbedingungen gefährden die Birnenblüte. Wichtig ist die an Bodenbedingungen und Wuchsform angepaßte Wahl der Unterlage. Ein sachgerechter Baumschnitt hat große Bedeutung für die Gesunderhaltung. Dies gilt auch für eine mäßige und ausgeglichene Düngung.

6

Feuerbrand (*Erwinia amylovora*)
Blüten und später auch Blätter färben sich braun-schwarz. Sie bleiben wie verbrannt an den Trieben hängen 6. Infizierte Triebspitzen krümmen sich oft

1

2

krückstockartig. Bei hoher Feuchte bilden sich auf den Befallsstellen zunächst helle, später bernsteinfarbene Bakterienschleimtröpfchen. Der Erreger befällt auch Apfel, Quitte, Felsenmispel, Feuerdorn, Weißdorn, Scheinquitte u. a. Gehölze.

☂ Gegenmaßnahmen siehe Feuerbrand an Apfel.

Birnengitterrost (*Gymnosporangium fuscum*)

🔍 Blattoberseits zunächst gelbe, später intensiv rote, rundliche Flecke [1]. Blattunterseits an gleichen Stellen auffallende gitterkorbähnliche Pusteln. Der Rostpilz ist auf einen Wirtswechsel mit Wacholder (*Juniperus*-Arten) angewiesen, auf dem er überwintert. Die Neuinfektionen der Birne erfolgen jährlich neu stets von Wacholder.

☂ Möglichst die Nachbarschaft von Birne und Wacholder vermeiden. Der Pilz verursacht zwar ein sehr auffälliges Schadbild, der Schaden an Birnbäumen hält sich jedoch meist in Grenzen, so daß eine chemische Bekämpfung nicht erforderlich wird.

Birnenpockenmilbe (*Eriophyes piri*)

🔍 Blätter mit zahlreichen schwielenartigen, hellgrün-rötlichen, später dunkelbraunen Pocken [2]. Die etwa 0,1 mm kleinen, weißlichen Gallmilben überwintern zwischen den Knospenschuppen, von wo aus sie während des Austrieb die jungen Blättchen befallen.

☂ Eine Bekämpfung ist selten erforderlich und sehr schwierig. Schwefelspritzungen vor der Blüte können den Befall eindämmen.

Birnblattsauger (*Psylla pirisuga, Psylla piri*)

Die Larven der blattlausähnlichen Schädlinge [3] führen schon ab Austrieb durch ihre Saugtätigkeit und starke Honigtau-Ausscheidung zum Verkleben der Knospenbüschel und zu Triebmißbildungen. Später Ansiedlung von Rußtaupilzen, Absterben der Blätter und Hemmung des Triebwachstums.

Bei regelmäßigem Befall sollten Austriebsspritzungen mit Promanal Neu oder Telmion erfolgen. Später sind Spritzungen mit z. B. Schädlingsvernichter Decis möglich.

3

Birnengallmücke (*Contarinia pyrivora*)

Junge Früchte verdicken kugelförmig, werden schwarz und fallen vorzeitig ab. Im Inneren fressen mehrere kleine weiße bis hellgelbe Maden [4]. Diese verlassen die abgefallenen Früchte und verpuppen sich im Boden. Im Frühjahr legen die Mücken ihre Eier in die Blüte.

Befallene Früchte, vor allem abgefallene, frühzeitig entfernen und vernichten.

4

5

Birnentriebwespe (*Janus compressus*)

Im Frühjahr am einjährigen Trieb spiralig angeordnete Einstiche mit wulstigem Rand. In der Folge welkt die Triebspitze, Blätter rollen sich ein und sterben unter Schwarzfärbung ab [5]. Im Mark des Triebes frißt von Juni bis September eine etwa 1 cm große, gelblichweiße Larve, die dort auch überwintert.

Befallene Triebe herausschneiden.

Weitere Krankheiten und Schädlinge:
Viren, Wurzelkropf siehe Seite 180

1

Bakterienbrand, Obstbaumkrebs siehe Seite 173
Apfelwanze, Schildläuse, Wicklerraupen, Apfelwickler siehe Seite 176
Frostspanner siehe Seite 181

Kirsche

Kirschen bevorzugen einen nicht zu schweren, tiefgründigen Boden ohne Staunässe. Spätfrostgefährdete Lagen sollten möglichst gemieden werden. Vor allem Frühkirschen eignen sich nur für relativ warme Standorte. Nur vorsichtig düngen.

Wurzelkropf (*Agrobacterium tumefaciens*)

🔍 Am Wurzelhals oder an den Wurzeln krebsartige Wucherungen [1], die die Wasser- und Nährstoffversorgung beeinträchtigen und die Bruchfestigkeit mindern (erhöhte Gefahr von Windbruch). Auch an vielen anderen Obst- und Ziergehölzen.

☂ Befallene Wurzeln bei Jungpflanzen nicht abschneiden, sondern ganze Pflanze verwerfen. Bei Neupflanzung ausreichend große Pflanzgrube mit befallsfreier Erde füllen. Eine chemische Bekämpfung ist nicht möglich, siehe Seite 221.

Bakterienbrand (*Pseudomonas syringae*)

🔍 Schwarzwerden und Absterben der Blüten. Blätter zunächst mit sehr kleinen

2

Flecken, später durchlöchert (Schrotschußeffekt) [2]. Dunkle Faulstellen und Deformationen an den Früchten. An jungen Trieben eingesunkene dunkle, längliche Brandstellen, die aufreißen können. Besonders bei nasser Frühjahrswitterung.

☂ Chemische Bekämpfung nicht möglich, deshalb widerstandsfähige Sorten bevorzugen.

3

Spitzendürre und Polsterschimmel
(*Sclerotinia laxa, S. fructigena*)

🔍 Schlagartiges Verbräunen und Absterben von Blüten, später auch der Blätter und ganzer Zweige von der Spitze her. Die vertrockneten Blüten und Blätter bleiben den ganzen Sommer über an den Zweigen hängen. Auf faulenden Früchten entstehen graue oder gelbliche Pilzpolster. Befallene Früchte schrumpfen mumienartig ein [3] und bleiben bis zum nächsten Jahr hängen (wichtige Infektionsquellen!). Die Infektion erfolgt während der Blüte bei nasser Witterung.

☂ Befallene Zweige bis ins gesunde Holz herausschneiden. Fruchtmumien entfernen. Bei Befallsgefahr kurz vor und während der Blüte Spritzungen im Abstand von acht bis zehn Tagen mit einem für Bienen ungefährlichen Mittel (z. B. Baycor Spritzpulver).

4

Frostspanner (*Operophthera brumata, Hibernia defoliaria*)

🔍 Grüne Räupchen mit drei weißlichen Seiten- sowie einem dunkelgrünen Mittelstreifen befressen zunächst die Blatt- und Blütenknospen, später Blatt- und Blütenbüschel, oft bleibt nur das Blattgerippe stehen. An den Früchten kommt es zu Hohlfraß [4].

☂ Spätestens Anfang Oktober Leimringe an den Stämmen anbringen, um die flugunfähigen Weibchen auf ihrem Weg zur Baumkrone zu fangen. Wichtig ist, daß die Leimringe dicht und fest anliegen und der Leimauftrag ggf. im Frühjahr erneuert wird. Nur bei sehr starkem Befall vor und während der Blüte mit einem für Bienen ungefährlichen Präparat gegen junge Raupen spritzen (z. B. Dipel oder Spruzit flüssig).

Schlangenminiermotte (*Lyonetia clerkella*)

⚲ Blätter mit schlangenartigen Miniergängen [1], in denen kleine Räupchen fressen.

☂ Besondere Bekämpfungsmaßnahmen in der Regel nicht erforderlich.

Schwarze Kirschblattwespe (*Caliroa cerasi*)

⚲ Bis zu 1 cm lange, grünliche bis schwärzliche, schleimig glänzende, schneckenähnliche Larven [2] verursachen meist blattoberseits Schabefraß. Die etwa 5 mm große, schwarze Wespe tritt in zwei Generationen pro Jahr auf, wobei die zweite (Juli-August) schädlicher ist.

☂ Spritzbehandlung mit z. B. Schädlingsvernichter Decis oder Spruzit flüssig nur bei starkem Befall erforderlich.

Kirschfruchtfliege (*Rhagoletis cerasi*)

⚲ Weißliche, kopf- und fußlose, bis 6 mm lange Maden in den Früchten. Die 4 – 5 mm große Bohrfliege trägt auf den glasklaren Flügeln drei typische braune Querbinden [3]. Zu Beginn der Fruchtfärbung legt sie ihre Eier meist einzeln in die Früchte. Nach einer Woche schlüpfen die Maden, die das Fruchtfleisch um den Kern herum zerfressen. Nach etwa drei Wochen verläßt die Made die reife Frucht und verpuppt sich im Boden.

☂ Bei mäßigem Befall im Vorjahr reicht in der Regel das Aufhängen von gelben, leimbestrichenen Kirschfruchtfliegenfallen. Die chemische Bekämpfung ist schwierig und sollte nur nach Warndienstangaben des Pflanzenschutzdienstes (siehe Seite 228) erfolgen.

Weitere Krankheiten und Schädlinge:
Viren siehe Seite 221

4

5

Pflaume, Zwetsche

Die im Vergleich zur Kirsche relativ anspruchslosen Pflaumen und Zwetschen gedeihen am besten in geschützten Lagen auf leichten, humosen Böden mit ausreichender Wasserversorgung. Der Baumschnitt sollte für viel Licht und Luft im Kroneninneren sorgen.

Scharka- oder Pockenkrankheit

(Scharka-Virus)

🔎 Oberfläche der Früchte gefurcht oder pockenartig mißgestaltet [5]. Fruchtfleisch gummiartig. Auf den Blättern band- oder ringförmige Aufhellungen [4]. Das gefährliche Virus wird von Blattläusen übertragen.

☂ Die Krankheit ist meldepflichtig. Kranke Bäume müssen in der Regel entfernt werden. Nur virusgetestete Jungpflanzen verwenden, siehe Seite 221.

Narren- oder Taschenkrankheit

Taphrina pruni)

🔎 Verunstaltungen der Früchte, meist länglich, gekrümmt und flach mit Eindellungen. Zur Zeit der Sporenbildung (Mai-Juni) sind die Früchte von weißem Pilzrasen bedeckt [6].

☂ Besondere Infektionsgefahr besteht nur bei feuchter Witterung während der Blüte. Dann können zwei Terminspritzungen kurz vor und während der Blüte mit z. B. Pilzfrei (Polyram Combi) durchgeführt werden.

Pflaumen- oder Zwetschenrost

(*Tranzschelia pruni-spinosae*)

🔎 Blattoberseits gelbliche Fleckchen. Blattunterseits braune oder schwarze Pu-

6

steln (Sporenlager) 1. Blätter können verbräunen und vorzeitig abfallen. Nach Überwinterung auf dem Fallaub werden im Frühjahr zunächst Anemonen und von dort aus im Sommer Pflaume oder Zwetsche infiziert.

⚲ Meist nur geringer Schaden, so daß eine chemische Bekämpfung mit z. B. Baycor Spritzpulver nur selten erforderlich ist.

Pflaumensägewespen (*Hoplocampa flava* und *H. minuta*)

⚲ Abfallen junger Früchte, die ein Bohrloch aufweisen 2. Im Innern weißliche Larve mit Kotkrümeln. Die Larven verpuppen sich im Boden. Im folgenden Frühjahr legen die Sägewespen zur Blütezeit ihre Eier an die Kelchblätter.

⚲ Geringer Befall unbedenklich. Bei starkem Befall im Vorjahr kann sofort nach der Blüte eine Spritzbehandlung mit Rogor erfolgen.

Pflaumenwickler (*Laspeyresia funebrana*)

⚲ Vorzeitig reifende und abfallende Früchte weisen ein Bohrloch mit Gummitropfen auf. Fruchtinneres von rötlicher Made zerfressen und mit Kotkrümeln gefüllt 3. Schädlich ist vor allem die zweite Generation (Juli-August).

⚲ Ab Ende Juli ein bis zwei Spritzbehandlungen mit Spruzit flüssig, Rogor oder Schädlingsvernichter Decis nach Angaben des Pflanzenschutzwarndiestes, siehe Seite 228.

Weitere Krankheiten und Schädlinge:

Viren, Bakterienbrand, Blattläuse siehe Seite 224
Schildläuse, Spinnmilben siehe Seite 225

4

Terminspritzung (unmittelbar vor Knospenaufbruch) sinnvoll (z. B. Euparen WG).

Pfirsichschorf (*Venturia pruni cerasi*)
⚲ Früchte fleckig mit dunklen Belägen, schorfig-rissig [5].
☂ Befallene Früchte entfernen. Chemische Bekämpfung ist in der Regel nicht erforderlich.

Weitere Krankheiten und Schädlinge:
Viren, Bakterienbrand siehe Seite 180
Polsterschimmel siehe Seite 174
Blattläuse siehe Seite 224
Schildläuse, Wicklerraupen siehe Seite 184
Spinnmilben siehe Seite 225

Pfirsich, Aprikose

Pfirsich und Aprikose sind besonders wärmebedürftig. Besonders geeignet sind Standorte in Gebieten mit Weinklima ohne starke Winterfröste. Der Boden sollte tiefgründig, humos, kalkhaltig und relativ leicht sein. Im Vergleich zu anderen Baumobstarten verlangt der Pfirsich eine eher reichliche Nährstoffversorgung.

Pfirsich-Kräuselkrankheit (*Taphrina deformans*)
⚲ Blätter mit zunächst weißlich-gelben, später intensiv roten, blasigen Auftreibungen [4]. Befallene Blätter können vertrocknen und abfallen. Bei starkem Befall kommt es zur Schwächung des Baumes und dadurch zu Ertragsminderung.
☂ Weniger anfällige Sorten bevorzugen. Chemische Bekämpfung ist nur als

Erdbeere

Die wärmebedürftigen Erdbeeren benötigen einen humusreichen, nicht zu Staunässe neigenden Boden. Für ausreichende Wasserversorgung ist Sorge zu tragen. Nicht zu enge Pflanzung und eine

5

1

2

3

Mulchauflage aus Stroh mindern das Fäulerisiko. Am besten verwendet man hochwertige Jungpflanzen mit Gütezeichen. Außerdem ist eine möglichst weit gestellte Fruchtfolge einzuhalten.

Grauschimmel (*Botrytis cinerea*)

🔍 Bereits unreife Früchte mit braunen Faulstellen. Später wird die ganze Frucht weichfaul. Die Befallsstellen überziehen sich bald mit einem mausgrauen Pilzrasen [1].

☂ Bodenkontakt der Früchte durch Auslegen von Stroh oder Holzwolle vermeiden. Befallene Früchte frühzeitig entfernen. Notfalls Spritzbehandlungen mit z. B. Euparen WG.

Rhizomfäule, Lederbeeren (*Phytophthora cactorum*)

🔍 Pflanzen welken. Das Rhizom ist im Inneren von einer rotbraunen Fäule erfaßt [2]. Früchte werden braun, gummi- oder lederartig und faulen schließlich ohne den typischen Pilzrasen der Grauschimmelfäule.

☂ Aus befallenen Beständen keine Jungpflanzen gewinnen. Mehrjährigen Fruchtwechsel einhalten. Gegen die Fruchtfäule Stroh oder Holzwolle unterlegen. Euparen WG, das gegen die Grauschimmelfäule eingesetzt wird, hat eine Nebenwirkung gegen Lederbeerenfäule.

Verticillium-Welke (*Verticillium alboatrum*)

🔍 Mit dem Einsetzen warmer, trockener Sommerwitterung beginnen zunächst die älteren Blätter zu welken. An den Stielen und Ranken entstehen langgestreckte dunkle Flecke. Im Rhizom ganz oder teilweise braun verfärbter Gefäßring. Pflanzen kümmern und können vollständig absterben [3].

⛱ Aus befallenen Beständen keine Jungpflanzen gewinnen. Mehrjährigen Fruchtwechsel einhalten.

Erdbeermehltau (*Sphaerotheca humuli*)

🔍 Einrollen der Blätter. Meist blattunterseits, aber auch auf den Blütenstielen, ein feiner, mehlartiger Belag [4].

⛱ Chemische Maßnahmen sind in der Regel nicht erforderlich, da die Pflanzen einen relativ starken Befall tolerieren. Weniger anfällige Sorten bevorzugen.

Weißfleckenkrankheit (*Mycosphaerella fragariae*)

🔍 Relativ kleine, grauweiße oder braune Blattflecke mit rotem Rand [5]. Bei starkem Befall können die Flecke zusammenfließen und die Blätter vertrocknen.

⛱ Chemische Maßnahmen meist nicht erforderlich, da die Pflanzen einen relativ starken Befall tolerieren. Befallenes Laub im Herbst beseitigen. Einseitige Düngung vermeiden.

Getüpfelter Tausendfuß (*Blaniulus guttulatus*)

🔍 Fraß an reifen Erdbeerfrüchten [6] durch relativ kleine, wurmartige, 1 – 2 cm große Tausendfüßler, die an beiden Seiten je eine Reihe auffälliger, rötlicher Punkte aufweisen.

⛱ Bodenkontakt der Früchte durch Auslegen von Stroh oder Holzwolle vermeiden. Befallene Früchte frühzeitig entfernen. Mit Kartoffel- oder Möhrenscheiben als Köder

4

5

6

1

2

können die Tausendfüßler bereits vor der Fruchtreife gefangen werden.

Erdbeerblütenstecher (*Anthonomus rubi*)

🔎 Blütenstiele werden von den etwa 4 mm großen Käfern angenagt und knicken um, die Knospen welken oder fallen ab [1]. In den welkenden Knospen entwickeln sich die Larven der Käfer.

☂ Welkende Blütenstände entfernen. Chemische Bekämpfung nur bei hohem Befallsdruck (z. B. Spruzit flüssig).

Weitere Krankheiten und Schädlinge:

Viren
Blattfleckenkrankheiten (verschiedene Pilze)
Blattälchen
Schnecken
Wicklerraupen
Wurzelälchen

Himbeere

Die Himbeere erfordert einen leicht sauren, gut humosen, tiefgründigen, nährstoffreichen Boden mit guter Struktur. Die Bodenoberfläche sollte zur Erzielung einer gleichmäßigen Feuchte stets mit einer Mulchschicht aus organischem Material bedeckt sein. Ein geschützter, sonniger Standort ist von Vorteil, wobei allerdings bedacht werden muß, daß die Himbeere gegen Hitze und Trockenheit empfindlich ist.

Himbeervirosen (verschiedene Viren)

🔎 Allgemeine Wuchshemmung und Ertragsminderung. Hell-dunkelgrüne Mo-

saikfleckung, Adernaufhellung und Blattmißbildungen [2]. Die Viren werden von Blattläusen übertragen, z. B. von der Großen Himbeerblattlaus (*Nectarosiphon idaei*).

Sehr stark befallene Pflanzen ersetzen. Nur virusgetestetes Pflanzenmaterial verwenden, siehe Seite 221.

Himbeer-Rutenkrankheit (*Didymella applanata, Leptosphaeria coniothyrium*)

An einjährigen Ruten zunächst blauviolette Flecke, die sich später zu größeren dunklen Stellen erweitern [3]. Im Spätsommer platzt die Rinde auf, und die Ruten sterben schließlich vollständig ab.

Abgetragene Ruten bereits im Sommer tief abschneiden. Lichter Stand, ausgeglichene Düngung, Bodenabdeckung mit organischem Material (Kompost, Stroh u. a.) wirken der Krankheit entgegen.

Himbeerkäfer (*Byturus tomentosus*)

In den Blütenknospen und Blüten fressen 4 – 5 mm lange braune Käfer. Die gelblichen Larven dieser Käfer leben als Maden (Himbeerwurm) in den Früchten [4].

Eine chemische Bekämpfung ist schwierig, da die Behandlung in die Blüte erfolgen muß (z. B. mit Spruzit flüssig).

Weitere Krankheiten und Schädlinge:

Viren, Wurzelkropf siehe Seite 180
Grauschimmelfäule siehe Seite 223
Phytophthora-Wurzelfäule
Blattläuse

1

2

Brombeere

Die Brombeere hat ähnliche Ansprüche wie die Himbeere (siehe dort).

Brombeerrost (*Phragmidium violaceum*)
🔎 Blattoberseits dunkelrote Flecke, blattunterseits zunächst orangerote, später braune und schwarze pustelartige Sporenlager [1].
☂ Bekämpfung in der Regel nicht erforderlich.

Brombeergallmilben (*Acalitus essigi*)
🔎 Früchte bleiben kleiner und sind stellenweise oder vollständig rot gefärbt (ungenießbar) [2]. Blätter und Triebe zum Teil hell gesprenkelt.
☂ Kräftiger Rückschnitt. Chemische Bekämpfung schwierig. Bei dauerhaft starkem Befall Pflanzenschutzdienst befragen, siehe Seite 228.

Weitere Krankheiten und Schädlinge:
An Brombeere kommen oft die gleichen Krankheiten und Schädlinge vor wie an Himbeeren, siehe Seite 188 – 189.

3

4

Johannisbeere

Die Johannisbeere gedeiht am besten auf humusreichen, durchlässigen, nicht zu schweren Lehmböden. Von Vorteil ist das Abdecken der Bodenoberfläche mit organischem Mulchmaterial. An das Klima werden keine besonderen Ansprüche gestellt.

Säulenrost (*Cronartium ribicola*)

🔍 Fast nur an Schwarzer Johannisbeere entstehen blattunterseits im Frühsommer zunächst hell- bis orangegelbe pustelartige Sommersporen-Lager [3], blattoberseits helle Flecke. Die Sporen aus diesen Lagern können während des Sommers erneut Johannisbeeren infizieren. Im Hochsommer entsteht dann eine neue Sporenform in säulchenförmig abstehenden Lagern. Diese Sporen können ausschließlich die Weymouthskiefer befallen, wo der Pilz den sogenannten Blasenrost [4] erzeugt. Die Erstinfektion der Johannisbeere erfolgt im Frühjahr stets von blasenrostkranken Weymouthskiefern.

☂ Da es sich um einen wirtswechselnden Rostpilz handelt, sollten Johannisbeeren und Weymouthskiefern möglichst weit auseinander stehen. Chemische Bekämpfung meist nicht sinnvoll.

Johannisbeerblasenlaus
(*Cryptomyzus ribis*)

🔍 Blätter mit blasenartigen, meist rot gefärbten Auftreibungen [5]. Blattunterseits in den Aufwölbungen gelblich-grüne Blattläuse. Blätter können vertrocknen und abfallen. Verschmutzung durch Honigtau und Rußtau.

5

☂ Nur bei regelmäßig starkem Befall sind Spritzbehandlungen mit z. B. Neudosan oder Spruzit flüssig erforderlich.

Rundknospen (*Cecidophyopsis ribis*)

🔍 Ballonartig angeschwollene Knospen [6] werden von der Johannisbeergallmilbe hervorgerufen. Die nur 0,2 – 0,3 mm

6

großen Gallmilben leben in großer Zahl (bis zu 30000) in den mißgebildeten Knospen. Die befallenen Knospen entwickeln sich nicht normal weiter und verbräunen zum Sommer hin. Im April-Mai verlassen die Gallmilben die Knospen, wandern auf der Pflanze umher und werden auch vom Wind auf andere Sträucher verbreitet. Ab Mai-Juni dringen sie dann in die neuangelegten Knospen ein, die im kommenden Jahr austreiben sollen.

☂ Befallene Knospen oder ganze Zweige frühzeitig entfernen und vernichten. Bei starkem Befall kräftiger Rückschnitt und Neuaufbau aus Basisaugen.

1

2

Weitere Krankheiten und Schädlinge:
Blattfallkrankheit, Stachelbeermehltau
Botrytis-Grauschimmel siehe Seite 223
Blattwanzen
Schildläuse
Stachelbeerblattwespe
Wicklerraupen

Stachelbeere

Die Ansprüche der Stachelbeere gleichen denen der Johannisbeere (siehe dort).

Amerikanischer Stachelbeermehltau (*Sphaerotheca mors-uvae*)
🔍 Weißer, mehliger Belag, vor allem im Bereich der Triebspitzen, später auf den Beeren [1]. Dort färbt sich der Pilzrasen später braun.

☂ Rückschnitt der Triebspitzen, in denen der Pilz überwintert. Stickstoffüberdüngung vermeiden. Weniger anfällige Sorten bevorzugen. Zur chemischen Bekämpfung eignen sich z. B. Pilzfrei Saprol oder Baycor Spritzpulver.

Stachelbeerblattwespen (*Pteronidea ribesii, Pristiphora pallipes*)
🔍 Von innen nach außen fortschreitender, plötzlicher Kahlfraß durch grüne, raupenähnliche, etwa 2 cm große Larven

mit schwarzen, behaarten Wärzchen [2]. Die Schädlinge treten in zwei bis vier Generationen von Mai bis August auf.

☂ Sträucher regelmäßig kontrollieren und beim Auftreten der ersten Larven Spritzbehandlung mit z. B. Schädlingsvernichter Decis oder Spruzit flüssig.

Weitere Krankheiten und Schädlinge:

Becherrost
Blattfallkrankheit
Blattläuse
Schildläuse

Haselnuß

Die Haselnuß stellt weder an den Boden noch an das Klima besondere Ansprüche. Lediglich sehr trockene Standorte sind weniger geeignet.

Haselnußbohrer (*Curculio nucum*)

🔍 Der 6 – 9 mm große Rüsselkäfer mit auffällig langem, dünnem, rüsselartig gebogenem Kopf bohrt die unreifen Früchte an und legt ein Ei hinein. Von der bis zu 8 mm langen gelblichweißen Larve mit brauner Kopfkapsel wird der Kern zerfressen. Die Nüsse weisen ein Bohrloch auf [3] und fallen vorzeitig ab.

☂ Die Bekämpfung ist nur bei sehr starkem Befall zur Zeit des Reifungsfraßes Mitte Mai bis Anfang Juni sinnvoll (Pflanzenschutzdienst befragen, siehe Seite 228).

Weitere Krankheiten und Schädlinge:

Blattläuse
Knospengallmilbe
Schildläuse

3

4

Walnuß

Die anspruchsvolle Walnuß bevorzugt einen tiefgründigen, warmen, sandigen Lehmboden mit guter Wasserführung. Wegen der hohen Wärmeansprüche gedeiht die Walnuß besonders in Gegenden mit Weinklima an vollsonnigen Standorten.

Papiernüsse (abiotische Ursache)

🔍 Die Nüsse weisen, vor allem im Spitzenbereich, eine extrem dünne Schale auf. Teilweise auch Löcher [4], die mit Fraßschäden verwechselt werden können.

☂ Die genaue Ursache dieser physiologischen Störung ist nicht bekannt. Verstärktes Auftreten nach naßkalten Som-

mern. Auch Sorteneigenschaften scheinen eine Rolle zu spielen.

Bakterienbrand (*Xanthomonas juglandis*)
🔍 Meist nur nach anhaltend nasser Frühjahrswitterung entstehen eckig begrenzte, anfangs wäßrige Blattflecke, die sich später braun färben. Blattadern schwarz. Auch Früchte können schwarzfleckig werden 1. Jungtriebe sterben bei starkem Befall von der Spitze her ab.
☂ Chemische Bekämpfung nicht möglich.

Marssonina-Krankheit (*Marssonina juglandis*)
🔍 Dunkelbraune, unregelmäßig begrenzte Blattflecke. Unterseits ringförmig angeordnete, kleine, schwarze Punkte (Sporenlager) 2. Grüne Früchte mit schwarzen kleinen Flecken, die zusammenfließen. Blätter und Früchte fallen vorzeitig ab. Vor allem bei anhaltend nasser Sommerwitterung.
☂ Befallenes Fallaub beseitigen. Chemische Behandlung meist nicht sinnvoll.

Weitere Krankheiten und Schädlinge:
Blattläuse
Wicklerraupen

Weinrebe

Die Weinrebe stellt hohe Ansprüche an das Klima. Nicht zu Unrecht spricht man vom typischen Weinklima. Für die Rebe ist ein sehr warmer, vollsonniger Standort ideal. Extreme Frostlagen sind unbedingt zu vermeiden. Dennoch können Reben auch außerhalb von Gebieten mit typischem Weinklima in geschützten Lagen, z. B. an Südwänden, angebaut werden. Der Boden sollte durchlässig und leicht erwärmbar sein.

Echter Mehltau (*Uncinula necator*)
🔍 Überwiegend blattoberseits grau-weiße, mehlartige Beläge, unter denen bald dunkle Blattflecke entstehen. In der Folge welken die Blätter und fallen ab. Befall auch auf den Beeren, die aufplatzen (Kern- oder Samenbruch) 3 und meist nach Sekundärbefall durch andere Erreger faulen.
☂ Zu hohe Stickstoffdüngung vermeiden. Widerstandsfähige Sorten bevorzugen.

Bei regelmäßig starkem Befall vorbeugend ab Austrieb bis zur Blüte mehrfach mit einem Schwefel-Präparat spritzen.

Falscher Mehltau (*Plasmopara viticola*)
⚲ Zunächst blattoberseits „Ölflecke" und später an entsprechender Stelle blattunterseits ein weißer Pilzrasen [4]. Stark befallene Blätter fallen ab. Befallene Beeren färben sich bläulich-braun und trocknen ein (Lederbeeren).
☂ Da der Pilz auf befallenen Blattresten überwintert, sollten diese eingesammelt und verbrannt oder sachgerecht kompostiert werden. Spritzbehandlungen können z. B. mit einem Kupferspritzmittel, Euparen WG oder Dithane Ultra durchgeführt werden. Wichtig ist vor allem eine Behandlung zum Ende der Blüte.

Grauschimmel (*Botrytis cinerea*)
⚲ Vor allem bei anhaltend feuchtem Wetter oder nach Verletzungen durch Wespenfraß oder Schädlingsbefall faulen die Beeren. Typisch ist der dichte graue Schimmelrasen [5]. Ein leichter Grauschimmelbefall kurz vor der Ernte kann erwünscht sein und dem Wein den typischen *Botrytis*-Ton geben (Edelfäule).
☂ Frühreifende und lockerbeerige Sorten sind weniger gefährdet. Für ausreichende Durchlüftung sorgen, eventuell zu dichte Trauben ausbeeren. Notfalls Spritzbehandlungen mit z. B. Euparen WG.

Heu- und Sauerwurm, Traubenwickler (*Eupoecilia ambiguella, Lobesia botrana*)
⚲ Die erste Generation der Traubenwickler legt die Eier an den Gescheinen ab. Die daraus schlüpfenden Raupen fres-

3

4

5

1

2

3

sen in Gespinsten an den Gescheinen und werden Heuwurm genannt. Die zweite Raupengeneration frißt hingegen an den entwickelten Beeren als sogenannter Sauerwurm [1].

☂ Im Garten ist eine direkte Bekämpfung meist nicht erforderlich. Gegen den Sauerwurm kann ein biologisches Präparat auf der Basis von *Bacillus thuringiensis* (z. B. Dipel) eingesetzt werden.

Reblaus (*Daktylosphaira vitifoliae*)

🔍 Der gefährliche Schädling befällt sowohl Wurzeln als auch Blätter. Bei starkem Befall Kümmerwuchs und Absterben der Reben. An den Wurzeln helle Knötchen mit den gelben Wurzelrebläusen und ihren Eiern. An den Blattunterseiten rötliche Gallen, die sich zur Blattoberseite öffnen [2]. In den Gallen gelbliche Läuse und Eier.

☂ Das Auftreten der Reblaus ist meldepflichtig. Bekämpfung nach Anweisung der zuständigen Stelle (Weinbauberatung, Pflanzenschutzdienst, siehe 228).

Pockenmilbe (*Eriophyes vitis*)

🔍 Blattoberseits pockenartige Aufwölbungen [3] mit weißlich-rötlichem Filz an entsprechender Stelle der Blattunterseite.

☂ Vorbeugende Schwefelspritzungen gegen den Echten Mehltau (siehe dort) wirken auch gegen die Pockenmilbe.

Weitere Krankheiten und Schädlinge:

Viren, Schwarzfleckenkrankheit, Spinnmilben siehe Seite 225
Kräuselmilbe, Dickmaulrüßler siehe Seite 155
Schildläuse

Krankheiten und Schädlinge an Gemüsepflanzen

Bohne

Hohe Ansprüche an Wärme (mindestens 10 – 12 °C Bodenwärme) und Windschutz. Günstig sind mittelschwere, humusreiche, tiefgründige Böden mit einem pH-Wert von 6,0 – 7,5. Nur mäßig düngen und auf ausreichende Wasserversorgung achten.

Gewöhnliches Bohnenmosaik-Virus

🔎 Zunächst allgemeine Blattaufhellung, später deutliche, hell- bis dunkelgrüne Scheckung (Mosaik). Die dunkleren Blattpartien wölben sich blasig auf [1]. Starke Ertragsminderung.

☂ Resistente Sorten bevorzugen. Da das Virus von Blattläusen übertragen wird, kann einer schnellen Ausbreitung durch Blattlausbekämpfung entgegengewirkt werden (siehe Seite 224).

Fettfleckenkrankheit (*Pseudomonas syringae* pv. *phaseolicola*)

🔎 Kleine, braune Blattflecke mit hellem Hof. Bei feuchter Witterung kann das Laub vollständig absterben. Auf den Hülsen glasige, meist rundliche Stellen (Fettflecke) [2].

☂ Nur hochwertiges, befallsfreies Saatgut verwenden. Befallene Pflanzen frühzeitig beseitigen. Keinesfalls in nassen Beständen arbeiten, da dies zur schnellen Verbreitung der Bakterien führt.

Brennfleckenkrankheit
(*Colletotrichum lindemuthianum*)

🔎 Brennflecke (braun mit schwarzem Rand) auf Keimblättern, Blattadern, Stengeln und Hülsen [3]. Starker Befall kann zum Absterben der Pflanzen führen.

1

2

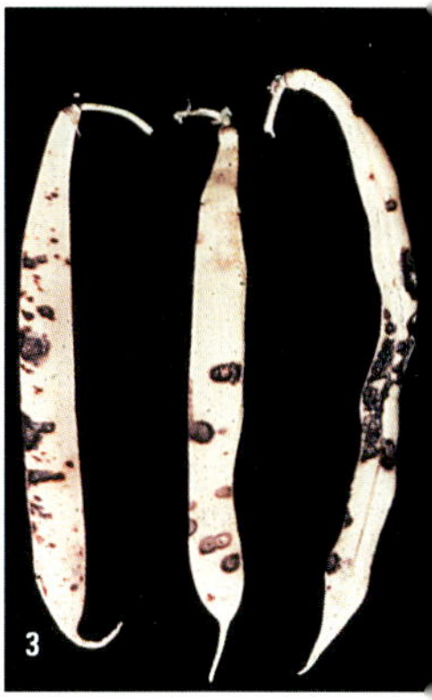
3

1

2

3

☂ Möglichst widerstandsfähige Sorten anbauen und hochwertiges, befallsfreies Saatgut verwenden.

Grauschimmel (*Botrytis cinerea*)
🔍 Dieser Schwächepilz befällt die Bohnen nur über bereits geschädigtes Pflanzengewebe, z. B. absterbende Blütenblätter. Häufig von der Spitze ausgehende Fäule der Hülsen. Blätter mit graubraunen Flecken. Befallsstellen oft mit grauem Schimmelrasen [1].
☂ Zu engen Stand der Pflanzen vermeiden.

Sclerotinia-Krankheit (*Sclerotinia sclerotiorum*)
🔍 Fäulnis an Stengeln, Blättern und Hülsen. Auf Befallsstellen weißes, wattiges Pilzgeflecht [2], in dem später schwarze Dauerkörperchen (Sklerotien) entstehen.
☂ Wichtig ist ein mehrjähriger Fruchtwechsel. Zu hohe Bestandesdichte und überhöhte Stickstoffdüngung vermeiden.

Bohnenspinnmilbe (*Tetranychus urticae*)
🔍 Zunächst helle Sprenkel auf den Blattoberseiten [3]. Später werden die Blätter braun und fallen ab. Feines Gespinst mit zahlreichen, etwa 1 mm großen, Milben. Starker Befall vor allem bei trocken-warmer Witterung.
☂ Im Gewächshaus Einsatz von Raubmilben (*Phytoseiulus persimilis*). Bei drohender Massenvermehrung im Freiland mehrfach Spritzungen mit Neudosan oder Spruzit flüssig.

Weitere Krankheiten und Schädlinge:
Bohnenrost
Blattläuse
Bohnenfliege
Thripse

Erbse

Im Gegensatz zur Bohne nur geringe Wärmeansprüche. Leicht humose, kalkhaltige Böden (pH-Wert 6,5 – 7,5) mit gleichmäßiger Bodenfeuchte sind von Vorteil. Staunässe ist zu vermeiden. Nur schwach düngen.

Welkekrankheit (*Fusarium oxysporum* f. sp. *pisi*)
Der Pilz tritt in verschiedenen Rassen auf, die unterschiedliche Sorten befallen und sich auch im Schadbild unterscheiden können. Im Falle der Rasse 1 zeigen die Pflanzen bereits im Jugendstadium Welke und vergilben bis zum völligen Absterben. Die Leitungsbahnen sind rotbraun verfärbt 4. Bei Befall durch die Rasse 2 welken die Pflanzen erst relativ spät, d.h. während der Blüte oder der Hülsenbildung.
Nur resistente Sorten anbauen und mehrjährige Fruchtfolge einhalten.

Brennfleckenkrankheiten (*Ascochyta pisi, Phoma medicaginis* var. *pinodella, Mycosphaerella pinodes*)
Verschiedene Pilze verursachen an Stengeln, Blättern und Hülsen ähnliche Schäden, die unter dem Begriff Brennflecken zusammengefaßt werden. Es sind meist braune oder graue, rundliche Flecke mit dunklem Rand 5. Auf den Flecken punktartige, schwarze Sporenbehälter (Pyknidien).
Nur hochwertiges, möglichst befallsfreies Saatgut verwenden. Höchstens alle sechs Jahre Erbsen auf der gleichen Fläche anbauen.

Falscher Mehltau (*Peronospora pisi*)
Blattoberseits helle Flecke 6, blattunterseits weißlichgrauer bis violetter Pilz-

1

2

rasen. Auf den Hülsen bräunlichschwarze Flecke. Wuchshemmung. Größere Schäden entstehen bei frühem Auftreten und anhaltender Feuchtigkeit.

☂ Da der Pilz im Boden überdauert, ist eine mehrjährige Fruchtfolge einzuhalten. Luftige Bestände wirken der Krankheit entgegen.

Blasenfüße (*Kakothrips robustus* u. a.)

🔍 Die nur 1 – 1,8 mm großen, schlanken Insekten schädigen vor allem an den Hülsen. Diese weisen zahlreiche silbriggraue Fleckchen auf, bleiben klein und mißgebildet [1].

☂ Da die Larven im Boden überwintern, sollte ein mehrjähriger Fruchtwechsel eingehalten werden. Bei Befallsgefahr frühzeitig und mehrfach Spritzbehandlungen mit z. B. Schädlingsvernichter Decis, Neudosan oder Spruzit flüssig durchführen.

Grüne Erbsenblattlaus (*Acyrtosiphon pisum*)

🔍 Befallene Triebspitzen verkümmern, der Hülsenansatz ist schlecht, und besaugte Hülsen verkrüppeln. Die relativ große, hellgrüne oder rötliche Blattlaus [2] hat eine enorme Vermehrungsrate (bei 20 °C alle 10 Tage eine neue Generation).

☂ Regelmäßige Kontrolle, um bereits bei beginnendem Befall mit Blattlausfrei Pirimor G, Neudosan oder einem Pyrethrum-Präparat zu spritzen.

Weitere Krankheiten und Schädlinge:

Echter Mehltau siehe Seite 222

Fußkrankheiten (verschiedene Pilze)

Blattrandkäfer

Erbsenwickler

Feldsalat

Wichtig ist ein humoser, unkrautarmer Boden. Im Vergleich zu Kopfsalat hat er geringe Lichtansprüche. Nur schwach düngen. Bei Aussaat im August-September gut als Unterkultur zu Tomaten geeignet.

Falscher Mehltau (*Peronospora valerianellae*)
🔍 Blattoberseits braunschwarze, z. T. netzartige Flecke. Blätter bleiben insgesamt kleiner und sind blaßgrün. Vom Blattrand ausgehende Vergilbung. Blattunterseits blaßgrauer Schimmelrasen. [3]
☂ Resistente Sorten anbauen. Übermäßige Nässe vermeiden (nur morgens gießen).

Weitere Krankheiten und Schädlinge:
Botrytis-Grauschimmel siehe Seite 223
Echter Mehltau siehe Seite 222
Blattläuse siehe Seite 224

Gurke

Geeignet sind humusreiche, nicht zu schwere Böden mit einem pH-Wert von 6,0 – 7,3 in windgeschützter Lage. Die Gurke hat ein sehr hohes Wärmebedürfnis und einen hohen Wasser- und Nährstoffbedarf. Dennoch ist die Gurke gegen Vernässung (Staunässe) und hohen Salzgehalt sehr empfindlich. Aufgrund der hohen Ansprüche sollte die Gurke bevorzugt im Gewächshaus, im Kasten oder unter Folie angebaut werden.

Gurkenmosaik-Virus
🔍 Hell-dunkelgrüne Scheckung (Mosaik) und Mißbildungen von Blättern

3

und Früchten [4]. Das Gurkenmosaik-Virus kommt an mehr als 200 verschiedenen Pflanzenarten vor und wird von Blattläusen übertragen.
☂ Bei Einlegegurken widerstandsfähige Sorten wählen. Unkräuter beseitigen. Gründliche Blattlausbekämpfung, siehe

4

Seite 224. Bei Hausgurken einzelne befallene Pflanzen entfernen.

Eckige Blattfleckenkrankheit
(*Pseudomonas syringae* pv. *lachrymans*)
⚲ Eckige, wässrig-durchscheinende, gelblichbraune Blattflecke, die von Blattadern begrenzt sind (meist nur im Freiland) 1. Bei hoher Feuchte tritt Bakterienschleim aus, der bei Trockenheit zu einer weißen Kruste eintrocknet. Auch auf Stengeln und Früchten entstehen ähnliche Befallsstellen.
☂ Nur hochwertiges, befallsfreies Saatgut verwenden. Mindestens drei Jahre keine Gurken anbauen. Durch windoffene Lage für ein schnelles Abtrocknen der Pflanzen sorgen. Nicht in nassen Beständen arbeiten.

Gurkenmehltau (*Sphaerotheca fuliginea, Erysiphe cichoracearum*)
⚲ Anfangs einzelne, weiße, mehlartige Flecke (Pilzrasen) auf den Blättern, die sehr schnell zusammenwachsen und das ganze Blatt bedecken können 2. Stark befallene Blätter sterben ab. Befallen werden auch Stengel und Früchte.
☂ Möglichst widerstandsfähige Sorten anbauen. Bei hoher Befallsgefahr wiederholte Spritzungen mit Bio Blatt-Mehltaumittel, Euparen WG, Pilzfrei Saprol Neu u. a. Mehltaumittel.

Spinnmilben (*Tetranychus urticae*)
⚲ Blätter zunächst mit hellen Sprenkeln, später braun und trocken 3. Besonders blattunterseits feine Gespinste mit zahlreichen, weniger als 1 mm großen Milben. Starker Befall vor allem bei trockenwarmer Witterung.

⚘ Im Gewächshaus sehr gut biologisch mit Raubmilben (*Phytoseiulus persimilis*) bekämpfbar. Im Freiland ist eine Bekämpfung meist nicht erforderlich.

Weiße Fliege, Mottenschildlaus
(*Trialeurodes vaporariorum*)
🔍 Die etwa 1 mm großen, weiß bepuderten motten- oder fliegenähnlichen Läuse und ihre Larven bevorzugen die jungen Pflanzenteile [4]. Bei starkem Befall, vor allem im Gewächshaus, sind die Pflanzen durch Honigtau und Rußtaupilze verschmutzt.
⚘ Im Gewächshaus biologisch mit Schlupfwespen (*Encarsia formosa*) bekämpfbar. Im Freiland Bekämpfung meist nicht erforderlich.

Weitere Krankheiten und Schädlinge:
Viren
Alternaria-Blattfleckenkrankheit
Botrytis-Grauschimmel
Brennfleckenkrankheit
Didymella-Blatt- und Stengelfäule
Falscher Mehltau
Fusarium-Stengelgrundfäule

5

4

Schwarze Wurzelfäule
Sclerotinia-Stengelfäule
Umfallkrankheiten
Welkekrankheiten (verschiedene Pilze)
Gurkenkrätze
Blattläuse
Thripse
Wurzelgallenälchen

Kohlarten

Der Boden sollte mittelschwer bis schwer sein, einen hohen Humusgehalt und eine neutrale bis alkalische Bodenreaktion (7,0 – 7,5) aufweisen. Die Ansprüche an Wasser- und Nährstoffversorgung sind relativ hoch. Wichtig ist eine weitgestellte Fruchtfolge.

Kohlhernie (*Plasmodiophora brassicae*)
🔍 Gallenartige Wucherungen an den Wurzeln [5] führen zu Kümmerwuchs, stumpfer Blattfarbe und Welkeerscheinungen.
⚘ Befallene Pflanzenreste (Strünke) sind sorgfältig zu beseitigen. Kohl sollte frühe-

stens nach sieben Jahren wieder angebaut werden. Eine gute, wasserdurchlässige Bodenstruktur und ein hoher pH-Wert mindern das Befallsrisiko.

Adernschwärze (*Xanthomonas campestris* pv. *campestris*)

🔍 Vom Blattrand ausgehende, V-förmige Vergilbungen mit schwarzen Blattadern [1]. Befallsstellen werden oft trocken-braun. Im Stengelquerschnitt schwarz gefärbte Leitungsbahnen, die im Spätstadium einen geschlossenen schwarzen Ring bilden können [2]. Bei Blumenkohl entstehen schwarze Stippen in der Blume.

☂ Pflanzenreste (Strünke) sorgfältig entfernen. Eine mindestens dreijährige Fruchtfolge einhalten. Nur hochwertiges, krankheitsfreies Saatgut verwenden. Chemische Bekämpfung nicht möglich (siehe Seite 221).

Falscher Mehltau (*Peronospora parasitica*)

🔍 Blattoberseits helle Flecke, blattunterseits weißgrauer Pilzrasen [3]. Tritt vor allem in der Anzucht oder bei Anbau unter Folie auf.

☂ Hochwertiges, befallsfreies Saatgut verwenden. Anzuchtflächen wechseln. In der Anzucht hohe Feuchte und zu engen Stand vermeiden. Spritzbehandlungen mit z. B. Pilzfrei (Polyram Combi) nur bei hohem Befallsdruck.

Kleine Kohlfliege (*Delia brassicae*)

🔍 Gelblich-weiße, bis zu 1 cm lange Maden fressen an Wurzeln und Wurzelhals. Pflanzen welken und kümmern oder sterben ab. Der einer Stubenfliege ähnliche

Schädling [4] tritt ganzjährig in drei Generationen auf und legt seine Eier ab April – Mai an den Wurzelhals. Besonders gefährdet ist Blumenkohl.
☂ Vorbeugend die Pflanzung mit Kulturschutznetz überspannen. Einzelpflanzenbehandlung mit Insektenstreumittel Nexion Neu.

Mehlige Kohlblattlaus (*Brevicoryne brassicae*)
⚲ Blätter eingerollt oder blasig aufgewölbt. Blattunterseits graugrüne, mehlige Blattläuse [5]. Verschmutzung durch Honigtau und Rußtau.
☂ Spätestens im zeitigen Frühjahr Kohlstrünke beseitigen. Bei Anfangsbefall Einzelblätter entfernen. Bei drohender Massenvermehrung Spritzbehandlungen mit Blattlausfrei Pirimor G.

Kohleule (*Mamestra brassicae*)
⚲ Graubraune Nachtfalter (Spannweite 4 – 5 cm) legen halbkugelige Eier gruppenweise blattunterseits ab. Anfangs grüne, später graubraune, bis zu 5 cm lange Raupen verursachen anfangs Fenster-, später Lochfraß [6]. Sie dringen tief in den Kohlkopf ein und führen durch den grünschwarzen Kot zu starker Verschmutzung, oft gefolgt von Fäulnis.
☂ Bei regelmäßigen Kontrollen Eigelege zerdrücken. Notfalls Spritzbehandlung mit z. B. Schädlingsvernichter Decis (Mittel mit *Bacillus thuringiensis* haben keine ausreichende Wirkung).

Kohlmotte (*Plutella xylostella*)
⚲ Kleine (17 mm Spannweite), bräunliche Falter legen ihre Eier an der Blatt-

4

5

6

unterseite ab. Gelblichgraue, später grüne, bis zu 1 cm lange Raupen fressen zunächst an den Herzblättern und verursachen später einen typischen Fensterfraß (Blattoberhaut bleibt stehen) [1]. Die Verpuppung erfolgt blattunterseits in einem spindelförmigen Kokon. Es sind zwei bis drei Generationen pro Jahr möglich.

Spritzbehandlungen (siehe Kohlweißling).

Großer Kohlweißling (*Pieris brassicae*)

Weiße Falter (6 cm Spannweite) legen blattunterseits gelbe, längs gerippte Eier in Gruppen ab. Die daraus schlüpfenden gelblichgrünen, schwarz gefleckten Raupen verursachen anfangs Loch-, später Skelettierfraß [2].

Kulturschutznetze über die Pflanzung spannen. Regelmäßige Kontrolle. Eier sowie Raupen zerquetschen. Bei starkem Befall Spritzbehandlungen mit *Bacillus thuringiensis* (z. B. Dipel) erforderlich.

Weitere Krankheiten und Schädlinge:

Viren
Bakterielle Fäulen
Blattfleckenkrankheiten (verschiedene Pilze)
Botrytis-Grauschimmel
Schwarzbeinigkeit (verschiedene Pilze)
Umfallkrankheit
Erdflöhe
Kohldrehherzmücke
Kohlmottenschildlaus
Minierfliegen
Thripse
verschiedene Rüsselkäfer
Wanzen

Möhre

Für den Anbau von Möhren sind leichte, humusreiche, tiefgründige Böden erforderlich, die sich leicht erwärmen. Der pH-Wert sollte im Bereich von 6,0 – 7,5 liegen. Staunasse Böden sind ungeeignet. Die Düngung ist wegen der Salzempfindlichkeit auf mehrere schwache Gaben zu verteilen.

Weichfäule (*Erwinia carotovora* var. *carotovora*)
Das Innere der Möhren zersetzt sich sehr schnell zu einem Faulbrei, während die Außenhaut noch relativ lange intakt bleibt [3]. Vor allem im Lager, besonders wenn die Möhren Verletzungen aufweisen und die Lagertemperatur zu hoch ist.
Weitgestellte Fruchtfolge, ausreichende Kalidüngung und schonende Ernte. Möglichst trocken einlagern und bereits faulende Möhren auslesen. Chemische Bekämpfung nicht möglich.

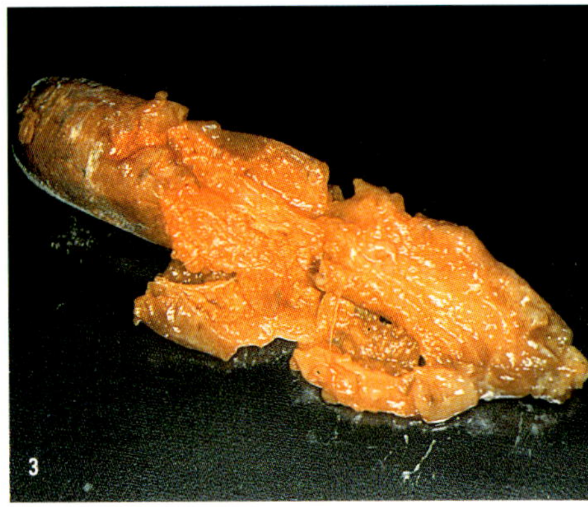
3

Möhrenschwärze (*Alternaria dauci*)
Von einzelnen Fiederblättchen ausgehend, kann sich bei feuchter Witterung das ganze Möhrenlaub in kurzer Zeit braun oder schwarz färben und verfaulen [4]. Möhrenkeimlinge können frühzeitig vollständig absterben.
Mindestens vierjährige Fruchtfolge einhalten. Eventuell Saatgutbeizung mit z. B. Aatiram zur Befallsminderung.

4

Nematoden, Fadenwürmer, Älchen (*Pratylenchus*-Arten, *Meloidogyne hapla* u. a.)
Durch die Saugtätigkeit dieser winzigen, wurmähnlichen Schädlinge kommt es zu Mißbildungen des Möhrenkörpers, eine verstärkte Seitenwurzelbildung („Wurzelbart") [5] und bei Auftreten des Wurzelgallenälchens (*Meloidogyne hapla*) zu wenige Millimeter großen Gallen an den Wurzeln.
Wichtig ist eine weitgestellte Fruchtfolge, wobei auch Sellerie zu meiden ist. Tageteseinsaaten können eine starke Reduzierung der Nematoden im Boden bewirken.

5

Möhrenfliege (*Psila rosae*)

🔎 Milchig-weiße, 6 – 8 mm lange Maden nagen rostbraune Fraßgänge in den Möhrenkörper [1]. Davon ausgehende Fäulnis durch Sekundärbesiedler. Die 4 – 5 mm lange, schwarze Fliege legt ihre Eier dicht an die Möhrenwurzel. Es entwickeln sich jährlich zwei Generationen.

☂ Für windoffene Anbauflächen und nicht zu dichte Bestände zu sorgen. Vorbeugend können die Möhren mit Kulturschutznetzen überspannt werden. Zur chemischen Bekämpfung kann Insekten-Streumittel Nexion Neu gestreut werden.

Weitere Krankheiten und Schädlinge:

Echter Mehltau
Blattläuse
Möhrenblattfloh
Möhrenminierfliege
Raupen
Wurzelläuse

Paprika

Aufgrund des sehr hohen Wärmebedürfnisses lohnt sich ein Anbau meist nur im Gewächshaus oder unter Folie. Gleichmäßige Feuchte, gute Humusversorgung und kräftige Düngung (bevorzugt organische Dünger) unter Beachtung der Salzempfindlichkeit sind zu empfehlen.

Grauschimmel (*Botrytis cinerea*)

🔎 Braune Faulstellen an allen oberirdischen Pflanzenorganen (auch an Früchten). Die Befallsstellen sind oft von grauem Pilzrasen überzogen [2].

☂ Benetzung der Pflanzen, zu dichten Stand und Verletzungen (z. B. bei der

Ernte) vermeiden. Befallene Pflanzenteile entfernen. Notfalls Spritzbehandlungen mit Euparen WG.

Blattläuse (*Myzus persicae, Aphis gossypii* u. a.)

🔎 Blattläuse sind die Hauptschädlinge an Paprika, insbesondere im Gewächshaus. Durch ihre Saugtätigkeit verursachen sie Blattmißbildungen und eine allgemeine Wuchshemmung [3]. Ihre zuckerhaltigen Ausscheidungen (Honigtau) führen zur Ansiedlung von Schwärzepilzen (Rußtau) und damit zur Verschmutzung der Pflanzen. Außerdem übertragen sie Viren.

☂ Im Gewächshaus ist eine biologische Bekämpfung mit Florfliegenlarven (*Chrysoperla carnea*), Schlupfwespen (z. B. *Aphidius*-Arten) oder räuberischen Gallmücken (*Aphidoletes aphidimyza*) möglich. Im Hausgarten können die Florfliegenlarven auch im Freien eingesetzt werden. Sonst Spritzbehandlungen mit Neudosan oder Spruzit flüssig.

Weitere Krankheiten und Schädlinge:

Viren
Bakterielle Weichfäule
Sclerotinia-Fäule
Welkekrankheiten (verschiedene Pilze)
Spinnmilben siehe Seite 225
Thripse siehe Seite 226
Weiße Fliege siehe Seite 226

Rettich und Radies

Der Boden sollte nicht zu schwer sein sowie humos, leicht sauer und gut gelockert. Die klimatischen Ansprüche sind relativ gering. Wichtig ist eine gleichmäßige Feuchtigkeit ohne Staunässe. Mist oder Kompost müssen vor der Verwendung gut verrottet sein.

Rettichschwärze (*Aphanomyces raphani*)

🔎 Von den Seitenwurzeln oder feinen Rissen ausgehende blauschwarze Färbung des Rettichs, die langsam in das Innere vordringt. Oft bandförmig um den Rettich herum [4].

☂ Hohen pH-Wert, Vernässung des Bodens und frische Stallmistgaben vermei-

den. Befallene Rettiche sorgfältig entfernen. Mindestens dreijährige Fruchtfolge einhalten.

Wurzeltöterpilz (*Rhizoctonia solani*)
⚲ Keimlinge zeigen Einschnürungen am Wurzelhals und fallen um. An Radiesknollen dunkelbraune bis schwarze, eingesunkene Faulstellen an der Grenzzone Boden/Luft [1].
☂ Für lockere, schnell abtrocknende Bodenoberfläche sorgen. Befallsherde frühzeitig beseitigen.

Falscher Mehltau (*Peronospora parasitica*)
⚲ Besonders an Radies blattoberseits gelblichbraune Flecke mit schwarzem Rand. Blattunterseits weißer Sporenrasen. Befallsstellen auch auf den Radiesknollen [2].
☂ Lang anhaltende Feuchtigkeit möglichst vermeiden. Durch weniger dichte Saat, die ein rascheres Abtrocknen der Pflanzen fördert, ist Befallsminderung möglich.

Rettichfliege (*Delia brassicae, D. floralis*)
⚲ Die Rettichfliege ist in Wirklichkeit die Kleine Kohlfliege, deren gelblich-weiße Maden Fraßgänge in die äußere Schicht von Radies oder Rettich nagen [3]. Die Pflanzen welken, kümmern und können völlig absterben.
☂ Vorbeugend die Pflanzen mit Kulturschutznetz überspannen.

Weitere Krankheiten und Schädlinge:
Erdflöhe
Springschwänze
Zwergfüßler

Salat

Günstig sind leichte, humose Böden mit einem guten Wasserhaushalt in sonniger Lage. Der pH-Wert sollte im Bereich von 6,5 – 7,5 liegen. Besonders für frühe Sätze ist eine leichte Erwärmbarkeit wichtig. Zur Vermeidung der Salatfäulen darf nicht zu tief gepflanzt werden.

Schwarzfäule (*Rhizoctonia solani*)
🔎 Die dem Boden aufliegenden Blätter faulen unter Schwarzfärbung [4]. Fäulnis kann von unten her in den Salatkopf eindringen. Auf den Befallsstellen hellbraune, gespinstartige Pilzfäden und kleine Dauerkörperchen (Sklerotien).
☂ Siehe Grauschimmel.

Grauschimmel (*Botrytis cinerea*)
🔎 Zunächst auf älteren Blättern braune Faulstellen, die später den Stengelgrund erfassen und so zum Absterben der ganzen Pflanze führen können. Auf den Befallsstellen grauer Pilzrasen [5].
☂ Sorten mit aufrechtem Wuchs wählen und nicht zu tief pflanzen. Falls möglich, dem Boden aufliegende Blätter mit beginnender Fäule entfernen. Nur in Ausnahmefällen Spritzbehandlungen mit Euparen WG.

Sclerotinia-Fäule (*Sclerotinia sclerotiorum, S. minor*)
🔎 Von den Außenblättern ausgehende Welke des Salatkopfes [6]. Später tritt auch Fäulnis auf. Auf den Faulstellen entwickelt sich ein auffallend weißes Pilzgeflecht mit schwarzen, bis zu 10 mm großen Dauerkörperchen (Sklerotien).
☂ Siehe Grauschimmel.

4

5

6

Falscher Mehltau (*Bremia lactucae*)

Blattoberseits größere, helle Flecke, die oft von Blattadern begrenzt sind [1]. Blattunterseits weißer Sporenrasen des Pilzes. Die Befallsstellen verbräunen.

Resistente Sorten anbauen. Hohe Feuchtigkeit vermeiden.

Salatwurzellaus (*Pemphigus bursarius*)

An den Wurzeln gelbliche, von wolligen Wachsausscheidungen bedeckte Läuse [2]. Bei starkem Befall welken die Pflanzen, und es kommt zu mangelhafter Kopfbildung. Die Salatwurzellaus überwintert an Pappeln, wo sie im Frühjahr sogenannte Blattstielgallen hervorruft.

Direkte Bekämpfung nicht möglich. Durch optimale Wachstumsbedingungen, vor allem durch ausreichende Wassergaben, kann der Schaden begrenzt werden.

Blattläuse (*Myzus persicae* u. a.)

Mißbildungen und Verschmutzung der Pflanzen durch Honigtau und Rußtaupilze bei Massenbesiedelung. Auch geringer Befall kann indirekt erheblichen Schaden verursachen, da die Blattläuse Viren übertragen [3].

⛱ Bei stärkerem Befall Spritzbehandlungen mit z. B. Blattlausfrei Pirimor G, Spruzit flüssig oder Neudosan.

Schnecken (*Deroceras*-Arten u. a.)

🔍 Schabe- oder Lochfraß, der sich von Fraßspuren anderer Schädlinge durch die typischen Schleimspuren der Schnecken unterscheidet [4].

⛱ Abstreuen mit Sand oder Sägemehl hindert die Fortbewegung. Kleine Flächen lassen sich durch einen Schneckenzaun schützen. Sonst Schneckenfallen aufstellen oder Schneckenkorn einsetzen.

Weitere Krankheiten und Schädlinge:

Viren
Bakterielle Fäulen
Pythium-Welke
Blattwanzen
Erdraupen
Minierfliegen
Wurzelgallenälchen
Wurzelspinnerraupen

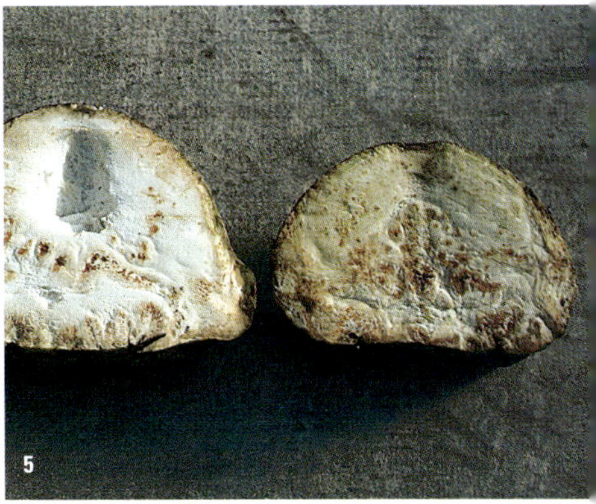
5

6

Sellerie

Der wärmebedürftige Sellerie wächst besonders gut auf eher schweren, humosen, nährstoffreichen Böden mit guter Wasserversorgung und einem pH-Wert von 6,3 – 7,0. Im Vergleich zu anderen Gemüsearten kann Sellerie kräftig gedüngt werden.

Herz- und Knollenbräune (Bormangel)

🔍 Zunächst zahlreiche braune Stellen im Inneren der Knollen, später auch Hohlräume [5]. Blattstiele weisen Querrisse und Verkorkungen auf. Im Spätstadium entsteht eine Herz- und Trockenfäule.

⛱ Düngung nach Bodenanalyse. Übermäßige Kalk-, Kalium- und Natriumversorgung vermeiden. Verwendung borhaltiger Dünger beugt dem Bormangel vor.

Septoria-Blattfleckenkrankheit
(*Septoria apiicola*)

🔍 Braune oder graubraune Flecke auf Blättern und Stengeln [6], später mit punktförmigen schwarzen Sporenbehäl-

tern (Pyknidien). Das Sellerielaub kann bei nasser Witterung vollständig absterben.

☂ Hochwertiges, krankheitsfreies Saatgut verwenden. Weniger anfällige Sorten bevorzugen. Saatgut chemisch (z. B. Aatiram) oder mit heißem Wasser (25 min bei 50 °C) beizen. Notfalls Spritzbehandlungen mit Pilzfrei (Polyram Combi).

Möhrenfliege (*Psila rosae*)

🔍 Milchig-weiße, 6 – 8 mm lange Maden fressen an den Wurzeln, später an und in den Knollen [1]. Sekundärfäule ist möglich. Die Fliege tritt in zwei Generationen auf (Ende Mai und Anfang August).

☂ Da die Möhrenfliege und ihre Larven ein hohes Feuchtebedürfnis haben, ist für eine windoffene Anbaufläche und nicht zu dichte Bestände zu sorgen (siehe Bekämpfung an Möhren).

Weitere Krankheiten und Schädlinge:

Sclerotinia-Fäule
Sellerieschorf
Blattläuse
Blattwanzen
Wurzelläuse

Spargel

Für den Spargelanbau sind tiefgründige, humose, leicht lehmhaltige Sandböden mit einem pH-Wert von 6,3 – 7,5 in sonniger Lage erforderlich. Weniger geeignete Böden kann man mit Sand und Kompost anreichern. Bereits bei der Pflanzung sollte reichlich Kompost gegeben werden, am besten Mistkompost.

Spargelrost (*Puccinia asparagi*)
🔍 Ab Mai entstehen im unteren Bereich der Stengel relativ unauffällige, kleine, orangefarbene Sporenpusteln. Etwa zwei Wochen später entwickelt sich eine neue Sporenform in organgefarbenen becherförmigen Lagern. Die darauf folgende dritte Sporenform in braunen Lagern [2] sorgt für die weiträumige Verbreitung des Pilzes. Im Spätsommer entstehen schließlich die Wintersporen in tiefschwarzen Lagern.
☂ Resistente Sorten bevorzugen. Spargelstroh verbrennen, um dem Pilz die Möglichkeit zum Überwintern zu nehmen. Falls eine chemische Bekämpfung (z. B. Kupferspritzmittel oder Antracol WG) erforderlich ist, sollte diese etwa drei Wochen nach der Stechperiode erfolgen und mehrfach wiederholt werden.

3

Spargelfliege (*Platyparea poeciloptera*)
🔍 Von Mitte April bis Anfang Juli legt die an ihrer auffälligen, zickzackförmigen, dunkelbraunen Bandzeichnung auf den Flügeln kenntliche Fliege [3] ihre Eier (60 – 80 Stück) in die Triebspitzen, wenn diese gerade den Boden durchbrechen. Die bis zu 1 cm langen Maden fressen in den Stangen, die sich krümmen, verkrüppeln und oft auch absterben. Schäden entstehen überwiegend in den ein- und zweijährigen Junganlagen.
☂ Wegen der schwierigen Bekämpfung Pflanzenschutzdienst befragen, siehe Seite 228.

Weitere Krankheiten und Schädlinge:
Viren
Fußkrankheiten (verschiedene Pilze)
Phytophthora-Fäule
Stemphylium-Krankheit
Bohnenfliege
Spargelkäfer

Spinat

Relativ anspruchslose Gemüseart. Ausreichende Humusversorgung und tiefreichende Bodenbearbeitung sind günstig. Hitze und Trockenheit fördern das Schossen. Wegen möglicher Nitratanreicherung nur vorsichtig mit Stickstoff düngen.

Falscher Mehltau (*Peronospora farinosa* f. sp. *spinaciae*)
🔍 Blattoberseits helle, leicht aufgewölbte Flecke. Blattunterseits grauvioletter Sporenrasen des Pilzes (Bild [1], Seite 216). Vor allem bei nasser Witterung.

1

2

☂ Resistente Sorten anbauen. Hohe Feuchtigkeit vermeiden.

Rübenfliege (*Pegomya hyoscyami*)
🔍 Anfänglich Fraßgänge der Maden in den Blättern [2]. Später sind größere Teile der Blätter ausgefressen, die schließlich eintrocknen. Die Eiablage der in drei bis vier Generationen auftretenden Fliege beginnt Anfang Mai.
☂ Bei geringem Anfangsbefall Blätter mit Minen entfernen.

Weitere Krankheiten und Schädlinge:
Viren
Blattfleckenkrankheit
Eulenraupen

Tomate

Geeignet sind humusreiche, nicht zu schwere Böden mit guter Wasserführung in sonniger Lage. Die Tomate hat ein sehr hohes Wärmebedürfnis und einen hohen Nährstoffbedarf. Der pH-Wert des Bodens kann im Bereich von 5,5 – 7,0 liegen. Aufgrund der hohen Ansprüche sollte die Tomate bevorzugt im Gewächshaus oder unter Folie angebaut werden.

Kraut- und Braunfäule (*Phytophthora infestans*)
🔍 Der vor allem an der Kartoffel schädliche Pilz verursacht an den Früchten zunächst graugrüne, später braune, runzlige Flecke [3]. Das Fruchtfleisch verhärtet. Auf den Blättern graugrüne, braune und schließlich schwarze Flecke, die sich rasch ausbreiten können. Blattunterseits weißlichgrauer Pilzrasen. Die Ansteckung der Tomaten erfolgt meist von befallenen Kartoffelfeldern.
☂ Bei anhaltend feuchter Witterung können gefährdete Pflanzen (z. B. in der Nähe von Kartoffelfeldern) ab Ende Juni vorbeugend mit einem Pilzbekämpfungsmittel wie Euparen WG oder Pilzfrei (Polyram Combi) behandelt werden.

Blütenendfäule (Kalzium-Mangel)
🔍 An der Blütenansatzstelle der Frucht zunächst eine wässrige Stelle, die sich

allmählich schwarz verfärbt. Die Schadstelle verhärtet und ist leicht eingesunken [4].

☂ Auf ausreichende Kalzium-Versorgung achten. Der pH-Wert sollte nicht absinken. Unausgewogene Düngung sowie Trockenheit oder übermäßige Nässe vermeiden, da sie relativen Kalziummangel verursachen können.

Weiße Fliege (*Trialeurodes vaporariorum*)

🔍 Die etwa 1 mm großen, weiß bepuderten motten- oder fliegenähnlichen Läuse und ihre Larven bevorzugen die jungen Pflanzenteile. Bei starkem Befall, vor allem im Gewächshaus, sind die Pflanzen durch Honigtau und Rußtaupilze verschmutzt [5].

☂ Zur Bekämpfung siehe Weiße Fliege an Gurke.

Weitere Krankheiten und Schädlinge:

Viren
Bakterielle Welke
Botrytis-Grauschimmel
Stengelgrundfäulen (verschiedene Pilze)
Umfallkrankheiten (verschiedene Pilze)
Welkekrankheiten (verschiedene Pilze)
Echter Mehltau
Dürrfleckenkrankheit
Korkwurzelkrankheit
Samtfleckenkrankheit
Blattläuse
Eulenraupen
Minierfliegen
Spinnmilben
Thripse
Wurzelgallenälchen

3

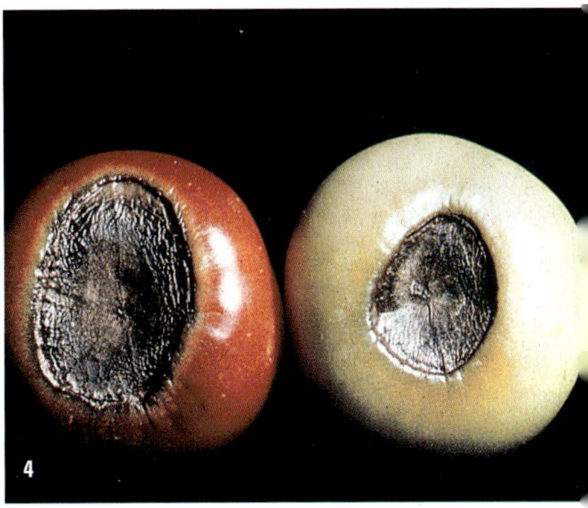
4

5

Zwiebelgemüse (Zwiebel, Lauch, Schnittlauch)

Zwiebeln gedeihen besonders gut auf warmen, humusreichen Sandböden. Lauch und Schnittlauch haben dagegen geringere Ansprüche an Boden und Klima. Umgekehrt ist es beim Nährstoffbedürfnis. Die Zwiebel wird eher schwach, Lauch hingegen kräftig gedüngt. Der pH-Wert sollte im Bereich von 6,0 – 7,5 liegen.

Falscher Mehltau (*Peronospora destructor*)
🔍 Länglich-ovale, blaßgraue Flecke, mit violett-grauem Pilzrasen [1]. Vor allem an Zwiebeln und Schalotten, seltener an Lauch. Kann zum vollständigen Absterben des Zwiebellaubes führen.
☂ Mindestens zweijährige Anbaupause einhalten. Dichte Bestände sind zu vermeiden, da sie nur langsam trocknen und so die Krankheit fördern.

Mehlkrankheit (*Sclerotium cepivorum*)
🔍 Vor allem an Zwiebel und Schnittlauch, seltener an Porree. Bereits die Keimlinge können absterben. Bei älteren Pflanzen Fäulnis am Wurzelboden und an den Wurzeln selbst. Auf den Befallsstellen dichtes, weißes, watteartiges Pilzgeflecht [2], in dem später rundliche schwarze Dauerkörperchen (Sklerotien) entstehen.
☂ Wichtig ist eine weitgestellte Fruchtfolge. Kranke Pflanzen entfernen.

Porreerost (*Puccinia allii*)
🔍 Porreeblätter mit zahlreichen kleinen, rundlichen oder länglichen Flecken [3].

Die Oberhaut reißt an den Befallsstellen schlitzartig auf und gibt die auffällig orange gefärbten Sporenlager frei. Vor allem im August-September.
Unbedingt vor Neupflanzung im Frühjahr vorjährige Bestände beseitigen.

Zwiebelblasenfuß (*Thrips tabaci*)
Das nur 1 mm lange, gelblich-braun gefärbte, schmale Insekt schädigt vor allem an den Blättern von Porree. Zahlreiche silbrige, oft in Streifen angeordnete Sprenkel auf den Blättern 4. Bei starkem Befall kommt es zu Wuchshemmung, und die ganze Pflanze erscheint silbriggrau.
Ausreichender Fruchtwechsel und tiefes Einarbeiten der Pflanzenreste mindern die Befallsgefahr. Bei starkem Befallsdruck wiederholt spritzen mit Neudosan, Schädlingsvernichter Decis oder Spruzit flüssig.

Zwiebelfliege (*Delia antiqua*)
Der einer Stubenfliege ähnliche Schädling 5 tritt in zwei bis drei Generationen auf und legt seine Eier ab April-Mai an die jungen Zwiebelpflänzchen. Durch den Fraß der etwa 8 mm lange Maden welken die Pflänzchen bereits kurz nach dem Auflaufen und lassen sich leicht aus der Erde ziehen. In der Zwiebel älterer Pflanzen Fraßgänge, die bald in Fäule übergehen.
Vorbeugend die Pflanzung mit Kulturschutznetz überspannen. Reihenbehandlung mit z. B. Insektenstreumittel Nexion Neu nur bei hoher Befallsgefahr.

Lauchmotte (*Acrolepia assectella*)
Die Raupen des graubraunen Falters (Spannweite etwa 16 mm) schädigen vor

3

4

5

allem an Lauch. Die gelblich-weißen, schwarzgepunkteten, etwa 13 mm langen Raupen haben einen grünlich-ockerfarbenen Kopf. Nach anfänglichem Schabefraß dringen sie in Minengängen bis ins Pflanzenherz vor [1]. Es treten zwei Generationen auf, im Juni und Mitte August.

☂ Beim Sichtbarwerden der ersten Fraßschäden wiederholte Spritzbehandlungen mit z. B. Schädlingsvernichter Decis.

Weitere Krankheiten und Schädlinge:

Viren

Blattfleckenkrankheiten (verschiedene Pilze)

Botrytis-Grauschimmel

Zwiebelbrand

Stengelälchen

Zwiebelrüsselkäfer

Hinweise zur Bekämpfung spezieller Schaderreger

Bekämpfung von Viren und Phytoplasmen

Zur Bekämpfung von Viren und Phytoplasmen stehen keine Pflanzenschutzmittel zur Verfügung. Die wichtigsten Übertragungswege der Viren sind durch Jungpflanzen, bei Kulturarbeiten oder durch Überträger gegeben. Derartige Überträger (Vektoren) sind z. B. Blattläuse und Thripse (Blasenfüße), aber auch Nematoden (Fadenwürmer, Älchen) im Boden.

Jungpflanzen sollten beim Kauf beziehungsweise im Frühjahr nach dem Austrieb sorgfältig untersucht werden. Kranke Pflanzen darf man keinesfalls vermehren. Sind Pflanzenteile von mehreren Pflanzen abzuschneiden oder werden Pflanzen geteilt, so sollte das Werkzeug, besonders bei Befallsgefahr, desinfiziert werden. Bei gefährdeten Pflanzen kommt der rechtzeitigen und konsequenten Bekämpfung von Vektoren eine besondere Bedeutung zu. Viruskranke Pflanzen sind möglichst umgehend zu entfernen.

Bekämpfung von Bakterienkrankheiten

Zur Bekämpfung von Bakterienkrankheiten stehen keine Pflanzenschutzmittel zur Verfügung. Kranke Pflanzen oder Pflanzenteile sind umgehend zu entfernen. Treten bakterielle Blattfleckenerreger auf, so ist darauf zu achten, daß gefährdete Pflanzen rasch abtrocknen und vor längerer Blattbenetzung geschützt werden.

Keinesfalls darf man kranke Pflanzen vermehren, sie stellen das größte Befallsrisiko dar. Sind Pflanzenteile von mehreren Pflanzen abzuschneiden oder zu teilen, so sollte das Werkzeug, besonders bei Befallsgefahr, desinfiziert werden (z. B. 70 ml 96 %igen Spiritus mit 26 ml Wasser verdünnen).

In Pflanzenbeständen kann die Ausbreitung von Bakteriosen durch Spritzungen mit Kupferpräparaten eingeschränkt werden. Derartige Behandlungen sind besonders im Frühjahr und im Herbst nach Niederschlägen zu empfehlen. Dabei verhindert der Kupferbelag auf den Pflanzen, daß die durch Regen und Wind verbreiteten Bakterien in gesunde Pflanzenteile eindringen.

Eine besondere Gefahr stellt der Feuerbrand dar, eine meldepflichtige Quarantänekrankheit. Da die Bakterien dieser Krankheit von blütenbesuchenden Insekten übertragen werden, kommt der Beseitigung kranker Pflanzen eine besondere Bedeutung zu. Befallsverdächtige Pflanzen werden von den Pflanzenschutzämtern in der Regel kostenlos auf Befall mit dieser schweren Krankheit untersucht. Die wichtigsten Wirtspflanzen des Feuerbrandes sind: *Amelanchier* (Felsenbirne), *Choenomeles* (Schein- oder Zierquitte), *Cotoneaster* (Zwergmispel), *Crataegus* (Weiß- und Rotdorn), *Cydonia* (Quitte), *Malus* (Apfel), *Pyracantha* (Feuerdorn), *Pyrus* (Birne), *Sorbus* (Eberesche), *Stranvaesia* (Stranvaesie). Diese Wirtspflanzen sollten ständig überwacht und in Gebieten mit intensivem Obstbau oder umfangreicherer Baumschulwirtschaft gar nicht gepflanzt werden.

Bekämpfung häufig auftretender Pilzkrankheiten

Blattfleckenpilze

Sie treten bei häufiger und längerer Blattbenetzung auf. Wenig abgehärtetes Gewebe, dichte Bestände sowie mangelnde oder unausgeglichene Ernährung der Pflanzen fördern den Befall. Auch ein Befall mit saugenden Insekten kann die Entwicklung von Blattfleckenpilzen begünstigen.

Oftmals ist eine bessere Belichtung der Pflanzen, bei größeren Bäumen ein Rückschnitt (Kronenauslichtung) ausreichend, um solchen Krankheiten entgegenzuwirken. Bei empfindlichen Pflanzen können besonders im Herbst und im Frühjahr wiederholte Behandlungen mit **Triforin** (Saprol Neu) oder **Vinclozolin** (Ronilan) erforderlich werden. Auch **Kupferoxychlorid** (Kupferkalk, Kupfer Konz., Kupferspritzmittel Schacht, Funguran), **Metiram** (Polyram Combi) oder **Mancozeb** (Dithane Ultra) haben gegen verschiedene Blattfleckenpilze eine gute Wirkung.

Echter Mehltau, Rost und Sternrußtau

Vor der Anschaffung von für Mehltau anfälligen Pflanzen sind die Anfälligkeitsunterschiede der Sorten zu prüfen. Neuere Sorten sind oftmals resistent beziehungsweise weniger anfällig. Vor einer Rosenpflanzung ist der Besuch eines Rosariums zu empfehlen, in dem die Sorten in der Regel ohne Bekämpfungsmaßnahmen kultiviert werden; dadurch ist ein guter Sortenvergleich möglich. Die Stadtgartenämter geben Auskunft zum Standort des Rosariums und zu den angepflanzten Rosensorten.

Standorte mit stärkeren Temperaturschwankungen fördern den Befall. Trocken-warme Sommertage mit Taunächten bieten ideale Bedingungen für die Entwicklung und Ausbreitung des Echten Mehltaus.

Vorbeugend können bei empfindlichen Pflanzen **Lecithin** enthaltende Pflanzenschutzmittel (Bio Blatt Mehltaumittel) in wöchentlichem Abstand eingesetzt werden.

Bei Befall sind Präparate einzusetzen, die **Bitertanol** (Baymat Zierpflanzen-Spray, Compo-Rosen-Spray, Baymat Rosenspritzmittel, Compo-Rosen-Spritzmittel) oder **Triforin** (Saprol Neu) enthalten. Bitertanol und Triforin wirken auch gegen Rostkrankheiten und Sternrußtau. Präparate der Wirkstoffe **Dichlofluanid** (Euparen), **Fenarimol** (Curol, Pflanzen-Paral gegen Pilzkrankheiten), **Pyrazophos** (Chrysal Mehltauspray) und **Netzschwefel** (Netzschwefel, Netz-Schwefelit) haben ebenfalls eine gute Wirkung gegen Echte Mehltaupilze.

Grauschimmel (*Botrytis cinerea*)
Der Grauschimmelpilz kann sowohl auf lebendem, als auch auf abgestorbenem Pflanzengewebe wachsen und dort auch große Sporenmengen bilden. Den Hygienemaßnahmen, der Beseitigung kranker Pflanzen, abgefallener Pflanzenteile oder verblühter Blüten kommt daher besondere Bedeutung zu.

Helle Standorte, gute Luftzirkulation und geringe Blattbenetzungsdauer wirken einem Befall entgegen. Anfällige Pflanzen sollten nicht zu dicht stehen und eventuell im inneren Pflanzenbereich ausgelichtet werden. Übermäßige Stickstoffversorgung fördert den Befall. Bei Rosen sollten die Blüten vor einer längeren Abwesenheit entfernt werden, da die verblühenden Rosen besonders anfällig sind und von ihnen ein hoher Befallsdruck auf die heranwachsenden Knospen ausgeht.

Die Anwendung von Pflanzenschutzmitteln ist nur bei erhöhtem Befallsdruck und nach Beseitigung befallener Pflanzenteile sinnvoll. Sie kann mit **Dichlofluanid** (Euparen), **Thiabendazol** (Comfuval FL) oder **Vinclozolin** (Ronilan) vorgenommen werden.

Pythium und Phytophthora
Das Auftreten der Pythium-Wurzelfäule ist in den meisten Fällen die Folge einer Vernässung. Diese kann durch eine schlechte, zu dichte Bodenstruktur, zu häufiges Gießen bzw. Bewässern oder durch schlechten Wasserabzug im Boden bedingt sein.

Die Phytophthora-Wurzel- und Wurzelhalsfäulen werden durch Staunässe ebenfalls begünstigt, können jedoch auch bei guten Standortverhältnissen großen Schaden verursachen. *Pythium*- und *Phytophthora*-Pilze bilden in ihrem Entwicklungsablauf begeißelte Zoosporen, die sich in wäßriger Lösung aktiv fortbewegen und gesunde Pflanzen befallen können.

Bei Pflanzungen ist daher in besonderer Weise die Durchlässigkeit des Bodens auch unter dem Pflanzloch zu prüfen. Gegebenenfalls sollte eine Dränage angelegt werden. Bei verdichteten Bodenschichten, z. B. nach Bauarbeiten, sind Bohrlöcher bis unter die Verdichtung mit einem Durchmesser von einigen Zentimetern mit Kies zu füllen, um die Ursache des Schadens zu beheben. Auch bei Topfkulturen ist auf einen guten Wasserablauf zu achten.

Ist die Ursache der Vernässung behoben, so kann die Gesundung der Pflanzen durch den Einsatz eines Pflanzenschutzmittes unterstützt werden. Geeignete Wirkstoffe sind **Fosetyl** (Aliette), **Metalaxyl** (Fonganil Neu) oder **Propamocarb** (Previcur N). Letztere sind jedoch nur in Großgebinden im Handel erhältlich.

Falscher Mehltau
Die Erkrankung tritt in der Regel nur bei relativ niedrigen oder stark schwankenden Temperaturen, geringer Sonneneinstrahlung, hoher Luftfeuchte, schlechter Luftzirkulation und infolge dessen langer Blattbenetzungsdauer auf. Die Bekämpfung der Krankheit muß daher zunächst auf eine Verbesserung der genannten Faktoren abgestellt werden. Da der Pilz im Pflanzengewebe lebt, sind befallene Pflanzenteile großzügig zu entfernen. Eine chemische Bekämpfung muß bei ungünstigen Standortbedingungen wiederholt erfolgen. Sie

kann durch Spritzbehandlungen mit **Fosetyl** (Aliette), **Kupferoxychlorid** (Kupferkalk, Funguran), **Mancozeb** (Dithane Ultra) oder **Metiram** (Phytox Super) vorgenommen werden und hat nur bei gleichzeitiger Verbesserung der Standortbedingungen einen Sinn.

Bekämpfung häufig auftretender Schädlinge

Blattläuse

In den Monaten März bis Juni besteht eine erhöhte Gefahr der Massenvermehrung von Blattläusen. Die Läuse schädigen die Pflanzen nicht nur durch Entzug von Zellsaft. Ihre Speichelsekrete führen zu Verkrüppelungen und Verfärbungen. Als Überträger gefährlicher Viruskrankheiten stellen sie darüber hinaus eine große Gefahr dar. Die Blattlausbekämpfung ist oftmals die einzige Möglichkeit, die weitere Ausbreitung von Viruskrankheiten zu verhindern. Die Ausscheidungen der Blattläuse überziehen besonders bei Massenvermehrungen die Pflanzen und den Bereich unter befallenen Pflanzen mit einem klebrigen Belag, dem Honigtau, auf dem sich Rußtaupilze ansiedeln und einen klebrigen, schwarzen Belag entstehen lassen.

Eine **biologische Bekämpfung** der Blattläuse kann in Innenräumen mit räuberischen **Gallmücken** (*Aphidoletes*), **Schlupfwespen** (*Aphidius, Lysiphlebus, Praon*), **Schwebfliegen** (*Episyrphus*), **Florfliegen** (*Chrysoperla*) oder **Käfern** (*Coccinella*) vorgenommen werden. Die Nützlinge sind im Fachhandel erhältlich. Vor ihrem Einsatz sind einige Informationen über die Einsatzbedingungen einzuholen.

Zur **chemischen Bekämpfung** der Blattläuse sind Spritzungen mit nützlingsschonenden Präparaten (siehe Gebrauchsanleitung) zu bevorzugen. Behandlungen mit **Kaliumseife** (Neudosan, Chrysal Pflanzen Pump-Spray oder Pflanzen Paral Sprühschutz für Obst und Gemüse) reichen oftmals aus. Auch Fichtenröhrenläuse werden auf diese Weise wirksam bekämpft. Sinkt die Wintertemperatur unter −15 °C, ist eine Bekämpfung dieser Läuse in der Regel nicht erforderlich. Die Klopfprobe (helle Pappe unter einen Zweig halten und gegen den Zweig schlagen) bringt raschen Aufschluß über eine eventuell erforderliche Bekämpfungsmaßnahme.

Zahlreiche weitere Wirkstoffe zur Blattlausbekämpfung wie **Butocarboxim, Dimethoat, Ethiofencarb, Omethoat, Oxydemetonmethyl, Parathion, Pirimicarb, Pyrethrine, Piperonylbutoxid** sind im Handel und können als Spritzflüssigkeit oder als Sprühdose zur Anwendung kommen. Für Topfpflanzen und Balkonkästen sind insbesondere bei jungen Pflanzen Granulate geeignet, die auf die Topferde gestreut werden, wie z. B. **Ethiofencarb** (Croneton Granulat) oder Pflanzenzäpfchen, die in die Erde gesteckt werden wie **Butoxycarboxim** (Paral-o-san Pflanzenschutzzäpfchen, Pflanzen-Paral Pflanzenschutz-Zäpfchen, Plant pin, Plant pin Combi, Pflanzen-Paral-Kombi-Stick), **Dimethoat** (Detia Pflanzenschutz-Stäbchen, Etisso-Pflanzenschutz-Zäpfchen, Florestin Pflanzenschutzstäbchen) oder **Imidacloprid** (Lizetan-Combistäbchen, Combi-Stäbchen Hortex Plus). Das

Präparat Systemschutz D-Hydro kann bei Hydrokulturen der Nährlösung beigemischt werden. Pflanzenpflaster, **Imidacloprid** (Confidor), sind derzeit in der Entwicklung. Sie haben bisher schon eine gute Wirkung gezeigt und werden in der Zukunft die Palette der Maßnahmen erweitern, so daß in Haus und Garten möglichst nicht gepritzt zu werden braucht.

Raupen (Insektenlarven)

Der Pflege der Singvögel kommt bei der Raupenbekämpfung im Garten besondere Bedeutung zu. Die Massenvermehrung der im Garten häufig schädigenden Frostspannerraupen geht mit der Brutzeit der Meisen einher. Ein Meisenpärchen trägt während dieser Zeit bis zu 30 kg Raupen zur Brutpflege ein. Diese Zahl macht die Bedeutung eines Nistkastens im Garten klar.

In vielen Fällen stellt das Absammeln der Raupen eine ausreichende Bekämpfung dar. Da die Raupen oftmals nur nachtaktiv sind, kann sich ein abendlicher Rundgang mit der Taschenlampe lohnen, um die Schädlinge zu beseitigen.

Die Bekämpfung von Raupen sollte möglichst früh, nämlich während der ersten Entwicklungsstadien der Raupen erfolgen, da der Bekämpfungserfolg bei älteren Raupen geringer ist. Gegen viele freifressende Schmetterlingsraupen können biologische Präparate wie **Bacillus thuringiensis** (Bactospeine FC, Dipel, Neudorffs Raupenspritzmittel) eingesetzt werden. Die übrigen Raupen sind, sofern eine chemische Bekämpfung unbedingt erforderlich ist, mit **Pyrethrine** und **Piperonylbutoxid** (Bio-Insektenfrei, Blitol Insektenfrei, Schädlingsfrei Parexan, Spruzit flüssig, Pyreth) zu bekämpfen.

Schild- und Schmierläuse

Schild- und Schmierläuse leben unter ihren Schilden oder dichten, weißen, wolligen Wachsausscheidungen vor Umwelteinflüssen weitgehend geschützt. Mit ihrem langen Mundstachel saugen sie den Zellsaft aus tiefer liegenden Gewebepartien, oftmals aus den Leitungsbahnen. Die Bekämpfung der Tiere ist daher schwierig. Erschwerend kommt hinzu, daß sich die Schildläuse häufig an älteren Pflanzenteilen sowie blattunterseits aufhalten.

Zur biologischen Schild- und Schmierlaus-Bekämpfung stehen parasitische und räuberische Nützlinge zur Verfügung, deren Einsatz in Innenräumen, insbesondere bei Befall mehrerer Pflanzen oder Pflanzungen, zu empfehlen ist. Nützlinge kann man über Fachgeschäfte beziehen.

Der Einsatz von Pflanzenschutzmitteln, die **Mineralöl** enthalten (Neudosan, Sommeröl-Elefant, Para-Sommer) hat sich im Spritzverfahren bei gut benetzbaren Einzelpflanzen bewährt. Unter dem Mineralölfilm ersticken die Schildläuse. Diese Präparate dürfen jedoch nicht zu häufig zur Anwendung kommen, da sie die Spaltöffnungen der Pflanzen verkleben. Die Anwendung sollte nicht bei direkter Sonneneinstrahlung erfolgen, damit keine Brennflecken entstehen. Bei Zimmerpflanzen zeigen auch die sogenannten Blattglanzsprays (verschiedene Öle) eine gute Wirkung gegen Schild- und Schmierläuse.

Spinnmilben (Rote Spinne)

Die etwa 0,5 mm großen Spinnmilben sind mit dem bloßen Auge nur schwer zu erkennen. Bei höheren Temperaturen und geringer Luftfeuchte kann es zu Massenvermehrungen der Tiere und infolgedessen zu Blattaufhellungen und Blattvergilbungen kommen. Bei starkem Befall vertrocknen die Blätter, und man erkennt feine Gespinste.

Bei leichtem Befall ist ein gründliches Abbrausen befallener Pflanzen, besonders der Blattunterseiten, erfolgreich. Stärker befallene Blätter sind zu entfernen.

Im Zimmer wie auch in Wintergärten hat sich der Einsatz von Raubmilben (*Phytoseiulus persimilis* u. a.) zur Spinnmilben-Bekämpfung bewährt. Raubmilben sind in Fachgeschäften erhältlich.

Bei leichtem Befall können auch **Kaliumseife** und **Mineralöl** (siehe Blattläuse und Schildläuse) eingesetzt werden.
Bei stärkerem Befall sind wiederholte Anwendungen von Pflanzenschutzmitteln erforderlich, die **Dimethoat** (Aadimethoat, Insektenspritzmittel Roxion, Rogor, Roxion) oder **Omethoat** (Folimat, Folimat-Rosen-Spray, Compo-Zierpflanzenspray, Lizetan-Zierpflanzenspray) enthalten. Bei holzigen Pflanzen im Garten hat sich auch der Einsatz von **Oxydemeton-methyl** (Metasystox R spezial) bewährt.

Thripse

Thripse, auch Fransenflügler oder Blasenfüße genannt, vermehren sich besonders bei trockenwarmer Witterung. Während der Getreideernte muß darüber hinaus mit starkem Zuflug gerechnet werden.

Das Schadbild der Thripse, Aufhellungen und Vergilbungen, ähnelt dem eines Spinnmilben-Befalls. Bei genauer Betrachtung weisen die schwarz glänzenden Kottröpfchen der Tiere deutlich auf einen Thrips-Befall hin.

In Wintergärten oder ähnlichen Innenräumen ist eine biologische Bekämpfung der Thripse mit **Raubmilben** (*Amblyseius cucumeris* und *A. barkeri*) sehr zu empfehlen. *Amblyseius barkeri* vernichtet auch Weichhautmilben. Die Hinweise der Nützlingszüchter für den richtigen Einsatz sollten vorab eingeholt werden, um Enttäuschungen zu vermeiden.

Vor einer chemischen Bekämpfung sind die Befallsherde möglichst zu beseitigen und die Pflanzen abzubrausen. Die abgetrockneten Pflanzen können mit Pflanzenschutzmitteln behandelt werden, die **Dimethoat** oder **Omethoat** enthalten (siehe Spinnmilben). Die Behandlung sollte innerhalb von vier bis fünf Tagen wiederholt werden, da die Tiere sehr versteckt leben können und die Pflanzenschutzmittel nicht alle Entwicklungsstadien der Tiere erfassen.

Weiße Fliege

Die Weiße Fliege oder Mottenschildlaus vermehrt sich besonders im Wintergarten und an einigen Beet- und Balkonpflanzen. Im Garten ist eine Bekämpfung nur bei wenigen Pflanzen unbedingt erforderlich. Im Zimmer können relativ wenige Tiere durch ihre Honigtau-Ausscheidungen zu sehr klebrigen Verschmutzungen führen.

In Wintergärten oder Kleingewächshäusern kann die Bekämpfung der Weißen Fliege biologisch, mit der Schlupfwespe *Encarsia formosa* erfolgen. Schlupfwespen sind im Fachhandel erhältlich.

Die chemische Bekämpfung mit **Kaliumseife** (Neudosan) oder **Pyrethrinen** und **Piperonylbutoxid** (siehe Blattläuse) muß wiederholt in engen Abständen von etwa fünf bis sieben Tagen erfolgen.

Nützlinge zur biologischen Schädlingsbekämpfung (Auswahl)

Nützlinge → Schädlinge

Raubmilben
- *Phytoseiulus persimilis* → Spinnmilben
- *Amblyseius*-Arten → Thripse und Milben

räuberische Insekten
- *Cryptolaemus montrouzieri*, Australischer Marienkäfer → Schmierläuse
- *Orius*-Arten, Raubwanzen → Thripse und Milben
- *Chrysoperla carnea*, Florfliege → Blattläuse u. a.
- *Aphidoletes aphidimyza*, Gallmücke → Blattläuse

Schlupfwespen
- *Encarsia formosa* → Weiße Fliege
- *Leptomastix dactylopii* → Schmierläuse
- *Metaphycus helvolus* → Schildläuse
- *Aphidius matricariae* → Blattläuse
- *Aphelinus abdominalis* → Blattläuse

Nematoden
- *Steinernema feltiae* → Trauermücken
- *Steinernema carpocapsae* → Dickmaulrüßler

Auskunftstellen des Pflanzenschutzdienstes in Deutschland

Baden-Württemberg

Landesanstalt für Pflanzenschutz
70197 Stuttgart, Reinsburgstraße 107

Pflanzenschutzdienststellen der Regierungspräsidien
76133 Karlsruhe, Amalienstraße 25
70565 Stuttgart, Ruppmannstraße 21
79098 Freiburg, Erbprinzenstraße 2
72072 Tübingen, Konrad-Adenauer-Straße 20

Übergebietliche Pflanzenschutz beratung
77652 Offenburg, Okenstraße 22
68526 Ladenburg, Trajanstraße 66
78333 Stockach, Winterspürer Straße 25
88662 Überlingen, Rauensteinstraße 64

Bayern

Bayerische Landesanstalt für Bodenkultur und Pflanzenbau,
Abteilung Pflanzenschutz
80638 München, Menzinger Straße 54

Pflanzenschutzabteilungen in Ansbach, Augsburg, Bayreuth, Deggendorf, Ingolstadt, Landshut, München, Regensburg, Rosenheim und Würzburg

Berlin

Pflanzenschutzamt
12347 Berlin, Mohriner Allee 137

Brandenburg

Landesamt für Ernährung, Landwirtschaft und Flurneuordnung, Pflanzenschutzdienst
15236 Frankfurt-Markendorf
Ringstraße 1010

Bremen

Senator für Frauen, Gesundheit, Jugend, Soziales und Umweltschutz, Pflanzenschutzdienst
28195 Bremen, Große Weidestraße 4–16

Hamburg

Institut für Angewandte Botanik,
Abteilung Pflanzenschutz
20355 Hamburg, Marseiller Straße 7

Hessen

Hessisches Landesamt für Regionalentwicklung und Landwirtschaft, Pflanzenschutzdienst
35578 Wetzlar, Frankfurter Straße 69
Außenstelle
34128 Kassel-Harleshausen,
Am Versuchsfeld 17

Mecklenburg-Vorpommern

Landespflanzenschutzamt
18059 Rostock, Graf-Lippe-Straße 1

Außenstellen
19055 Schwerin, Wickendorfer Straße 4
17033 Neubrandenburg, Seestraße 13
17489 Greifswald, Grimmer Straße 16

Niedersachsen

Landwirtschaftskammer Hannover, Pflanzenschutzamt
30453 Hannover, Wunstorfer Landstraße 9

Bezirksstellen
38102 Braunschweig, Helene-Künne-Allee 5
27432 Bremervörde, Albrecht-Thaer-Straße 6a
37154 Northeim, Teichstraße 9
31582 Nienburg, Rühmkorffstraße 12
29525 Uelzen, Wilhelm-Seedorf-Straße 3

Landwirtschaftskammer Weser-Ems, Institut für Pflanzenbau und Pflanzenschutz
26121 Oldenburg, Sedanstraße 4

Bezirksstellen
26603 Aurich, Am Pferdemarkt 1
49716 Meppen, Mühlenstraße 41
26121 Oldenburg, Mars-la-Tour-Straße 9
49082 Osnabrück, Am Schölerberg 7

Nordrhein-Westfalen

Landwirtschaftskammer Rheinland, Pflanzenschutzamt
53229 Bonn, Siebengebirgsstraße 200

Landwirtschaftskammer Westfalen-Lippe, Institut für Pflanzenschutz, Saatgutuntersuchung und Bienenkunde
48147 Münster, Nevinghoff 40

Rheinland-Pfalz

Landesanstalt für Pflanzenbau und Pflanzenschutz
55128 Mainz-Bretzenheim, Essenheimer Straße 144

Saarland

Landwirtschaftskammer Saarland, Pflanzenschutzamt
66121 Saarbrücken, Lessingstraße 12

Sachsen

Sächsische Landesanstalt für Landwirtschaft, Fachbereich Integrierter Pflanzenschutz Dresden
01307 Dresden, Stübelallee 2

Außenstellen
in Chemnitz und Leipzig

Sachsen-Anhalt

Landespflanzenschutzamt
39128 Magdeburg, Lerchenwahne 125

Ämter für Landwirtschaft und Flurneuordnung mit Fachbereich Pflanzenschutz
29410 Salzwedel, Buchenallee 3
39128 Magdeburg, Lerchenwuhne 125
39576 Stendal, Akazienweg
38820 Halberstadt, Große Ringstraße 20
06406 Bernburg, Stenzfelder Allee
06108 Halle, Heinrich-und-Thomas-Mann-Straße 19
06667 Weißenfels, Müllnerstraße 59
16515 Wittenberg, Belzigerstraße 1

Schleswig-Holstein

Amt für ländliche Räume Kiel,
Abteilung Pflanzenschutz
24118 Kiel, Westring 383

Amt für ländliche Räume Lübeck,
Abteilung Pflanzenschutz
23556 Lübeck, Schönböckener Str. 102

Amt für ländliche Räume Husum,
Abteilung Pflanzenschutz
25813 Husum, Herzog-Adolf-Straße 1B

Thüringen

Thüringer Landesanstalt für Landwirtschaft Jena, Referat 440 – Pflanzenschutz
99189 Erfurt-Kühnhausen, Kühnhäuser Straße 101

Weiterführende Literatur

Böhmer, B.: Ratgeber für Pflanzenschutz und Unkrautbekämpfung im Zierpflanzenbau. Verlag Paul Parey, Hamburg-Berlin 1984.

Butin, H.: Krankheiten der Wald- und Parkbäume. Georg Thieme Verlag, Stuttgart 1983.

Crüger, G.: Pflanzenschutz im Gemüsebau. Verlag Eugen Ulmer, Stuttgart 1991.

Friedrich, G., und Rode, H.: Pflanzenschutz im integrierten Obstbau. Verlag Eugen Ulmer, Stuttgart 1996.

Hassan, S. A., Albert, R., und Rost, W. M.: Pflanzenschutz mit Nützlingen im Freiland und unter Glas. Verlag Eugen Ulmer, Stuttgart 1993.

Michel, H. G.: Pflanzenschutz im Garten. Verlag Eugen Ulmer, Stuttgart 1982.

Nienhaus, F., Butin, H., und Böhmer, B.: Farbatlas Gehölzkrankheiten. Verlag Eugen Ulmer, Stuttgart 1995.

Schmid, O., und Henggeler, S.: Biologischer Pflanzenschutz im Garten. Verlag Eugen Ulmer, Stuttgart 1990, 8. Auflage.

Stahl, M., Umgelter, H., Jörg, G., Merz, F., und Richter, J.: Pflanzenschutz im Zierpflanzenbau. Verlag Eugen Ulmer, Stuttgart 1993.

Wittmann, W.: Atlas der Zierpflanzenkrankheiten. Blackwell Wissenschafts-Verlag, Berlin 1995.

Informationsschriften des Auswertungs- und Informationsdienstes für Ernährung, Landwirtschaft und Forsten, AID, Bonn-Bad Godesberg:

Vorsicht beim Umgang mit Pflanzenschutz- und Schädlingsbekämpfungsmitteln, Broschüre Nr. 1042/1992

Kompost im Hausgarten, Nr. 1104/1992

Biologische Schädlingsbekämpfung, Nr.1030/1993

Pflanzenschutz im Hausgarten, Nr. 1162/1996

Register

Bildquellen

Backhaus, Dr. G., Braunschweig: Seite 15.4, 46.1, 110.1.
Baumjohann, D., Hameln: Seite 23.5, 184.3, 192.2, 217.5, 165.5.
Biologische Bundesanstalt, Braunschweig: Seite 189.3, 198.2, 199.5, 199.6, 201 (2), 205.6, 208.2, 211.5, 212.1, 212.2, 215.3, 216.1.
Böhmer, Dr. Bernd, Pflanzenschutzamt Bonn: Umschlagvorderseite, Seite 10.2, 11.5, 12.1, 12.2, 14 (3), 15.5, 16.1, 16.3, 17 (3), 18.1, 19.5, 20.1, 21.4, 21.5, 22 (3), 24.1, 25 (3), 26.3, 27 (3), 28 (3), 29 (4), 30 (2), 31.3, 32.1, 32.3, 34.2, 34.3, 34.4, 35.5, 36.1, 36.2, 37.5, 37.6, 38.1, 38.3, 39.4, 39.5, 39.6, 40.1, 41 (3), 42.2, 42.3, 43.4, 44.1, 45.4, 45.5, 47.6, 51.2, 51.3, 52.1, 52.2, 52.3, 53.6, 53.7, 54.1, 54.2, 55 (3), 56 (2), 57.3, 57.4, 58.1, 58.3, 59 (2), 60 (2), 61.2, 62 (2), 64.2, 64.3, 65.4, 66.1, 67.3, 69.6, 71 (3), 73.4, 74.1, 75.4, 76.1, 76.3, 77.6, 79.4, 80.2, 80.3, 81.6, 82.1, 82.3, 84 (3), 85.4, 85.5, 85.6, 86.2, 86.3, 86.4, 90.1, 91.5, 92.3, 92.4, 93.5, 93.6, 93.7, 95 (4), 96 (2), 97 (2), 98.1, 98.2, 99.4, 105 (2), 106 (2), 107 (3), 108.1, 110.2, 110.3, 110.4, 111.7, 112 (3), 113 (2), 114.1, 114.2, 115 (3), 118.1, 119 (4), 120.1, 120.2, 121.7, 121.8, 123.4, 123.5, 124 (2), 125.5, 127.5, 129.6, 133.4, 134 (2), 136 (2), 138 (2), 140.1, 141.3, 142.2, 143 (2), 144.2, 145.4, 148.2, 148.3, 151.6, 152.2, 152.3, 153.4, 153.5, 154 (3), 155.5, 156 (3), 157.5, .158.1, 159.4, 160.1, 160.3, 160.4, 162.1, 163.4, 164.2, 167.5, 167.6, 168.2, 169.5, 203.4.
Brielmaier, Dr. U., Braunschweig: Seite 11.4, 46.2, 88.2, 91.4, 101.4, 152.1, 162.2, 170.1.
Bühl, R., Stuttgart: Seite 19.6, 20.3, 47.4, 48.2, 130, 135.3.
Forschungsanstalt Geisenheim, Fachgebiet Phytomedizin: Seite 13.5, 31.4, 110.5, 135.4, 137.4, 144.3, 171.2, 173.4, 173.5, 174.1, 175.5, 176.1, 176.3, 177.4, 177.5, 179.5, 180 (2), 181.3, 182.1, 183.6, 184.1, 184.2, 185 (2), 186.1, 186.2, 187.4, 187.6, 188.1, 190.1, 190.2, 191 (2), 193 (2), 194.2, 195 (3), 196 (3), 198.3, 199.4, 202.3, 204 (3), 205.5, 206 (2), 207.3, 209.4, 210 (3), 211.4, 213.6, 214.2, 217.3, 218.1, 219.4, 220.1.
Gröner, Prof.Dr. G., Stuttgart: Seite 18.4, 20.2.
Haberer, M., Nürtingen: Seite 192.1.
Henseler, E., Bonn: Seite 66.2, 77.5, 108.2, 114.3, 116.1, 125.3, 128.2, 139.5, 147.5.
Krebs, E.-K., Hannover: Seite 87.5.
Landesanstalt für Pflanzenschutz, Stuttgart: Seite 10.1, 12.3, 44.3, 65.5, 67.5, 69.4, 74.2, 76.4, 78.1, 79.3, 81.5, 82.2, 85.7, 86.1, 89.3, 90.2, 91.3, 92.1, 93.8, 98.3, 101.3, 103.7, 104, 108.3, 109.4, 120.3, 123.6, 125.4, 126.3, 133.5, 145.5, 150.2, 159.5, 160.2, 166.2, 172 (3), 174.3, 177.6, 182.2, 182.3, 187.4, 187.5, 189.4, 197.5, 198.1, 202.1, 202.2, 204.3, 205.4, 212.3, 215.3, 219.3, 219.5.
Landesanstalt für Pflanzenbau und Pflanzenschutz Mainz: Seite 118.2, 194.1, 218.2.
Margraf, Dr. K., Berlin: 92.2, 94.1, 137.5.
Nienhaus, Prof.Dr. F., Buschhoven: Seite 166.1.
Kuttig, K., Hameln: Seite 122.2, 155.4, 158.3, 200.2, 211.6.
Pflanzenschutzamt Bonn: Seite 58.2.
Pflanzenschutzamt Wetzlar: Seite 11.3, 13.4, 13. 6, 16.2, 17 (3), 18.3, 19.7, 21.6, 24.2, 26.1, 26.2, 32.2, 33.4, 33.5, 33.6, 34.1, 35.7, 36.3, 37.4, 39.7, 40.2, 42.1, 44.2, 46.3, 47.5, 48.1, 48.3, 49 (3), 51.4, 52.4, 53.5, 53.8, 54.3, 57.5, 63 (2), 69.5, 70.2, 72.2, 80.1, 81.4, 83 (3), 87.6, 94.2, 99.5, 100, 101.2, 101.5, 102 (3), 103.4, 103.5, 111.6, 116.2, 117, 121.6, 122.3, 129.4, 132.1, 131.2, 141.4, 144.1, 146.2, 147.3, 149.4, 150.1, 151.4, 151.5, 157.6, 166.3, 167.4, 168.1, 169.4, 170.2, 183.4, 187.6, 197.4, 206.1, 207.4, 209.3, 210.3, 211.4, 213.5, 218.1, 219.4, 220.1.
Regierungspräsidium Freiburg: Seite 186.3.
Schaefer, B., Berlin: Seite 43.5, 51.1, 68.2, 68.3, 72.1, 73.3, 73.5, 76.2, 88.1, 126.2, 128.1, 135.5, 137.3, 139.3, 139.4, 142.3, 161.5, 163.5, 163.6, 171.1, 175.4, 181.4, 183.5, 188.2, 190.3, 190.4.
Technische Universität München: Seite 177.5, 180.2, 197.6, 207.5, 217.4.
Universität Hannover: Seite 74.3, 129.5, 200.1.
Veser, J., Stuttgart: Seite 89.4, 131.1, 148.1.
Wilke, R., Bonn: Seite 23.4, 35.6, 61.1, 64.1, 67.4, 68.1, 70.1, 78.2, 103.6, 109.5, 114.4, 122.1, 126.1, 127.4, 127.6, 129.7, 131.2, 140.2, 141.5, 153.6, 158.2.
Zunke, Dr. U., Hamburg: 18.2, 38.2, 45.6, 77.7, 120.4, 121.5, 128.3, 132.3, 142.1, 146.1, 147.4, 149.5, 150.3 lu, 155.6, 157.4, 162.3, 164.1, 164.3, 165.4, 165.6, 169.3, 173.6, 174.2, 176.2, 178 (2), 179.3, 179.4, 203.5, 208.1, 212.4, 214.1.